KB201533

묻고 답하는

❷ 화학·물리

❷ 화학·물리

1판 1쇄 발행일 2009년 8월 3일
1판 6쇄 발행일 2014년 7월 30일
1판 6쇄 발행부수 1,000부 | 총 9,000부 발행

글쓴이 | 서울과학교사 모임(강옥경, 곽효길, 문지의, 박성은, 한송희, 한양재, 홍제남)
그린이 | 곽윤환
다듬은이 | 고홍준

펴낸곳 | (주)도서출판 북멘토
펴낸이 | 김태완
책임편집 | 강봉구
마케팅 | 이용구
디자인 | 구화정 at page9
사진제공 | 스터프 코리아

출판등록 제6-800호(2006. 6. 13)
주소 | 121-869 서울시 마포구 월드컵북로 6길 69(연남동 567-11) IK빌딩 3층
전화 | 02-332-4885
팩스 | 02-332-4875

ⓒ 서울과학교사모임 · 곽윤환, 2009

※ 잘못된 책은 바꾸어 드립니다.
※ 이 책은 저작권법에 따라 보호를 받는 저작물이므로 무단전재와 무단복제를 금합니다.
    이 책의 전부 또는 일부를 쓰려면 반드시 저작권자와 출판사의 허락을 받아야 합니다.
※ 책값은 뒤표지에 있습니다.

ISBN 978-89-6319-009-9   44400
      978-89-6319-010-5   44400(세트)

묻고 답하는

② 화학·물리

과학
톡톡 카페
Talk Talk

서울과학교사 모임 지음
곽윤환 그림
고흥준 편집

북멘토

과학, 세상을 열다

"선생님은 언제부터 과학을 좋아하셨나요? 선생님은 정말 과학이 재미있으세요?"

학교에서 아이들을 가르치다 보면 가끔 학생들로부터 받는 질문이다. 호기심 어린 눈빛으로 신기하다는 듯이 또는 믿기 어렵다는 듯이 또는 부럽다는 듯이…. 또 어떤 학생들은 진지한 눈빛으로 공감하기도 한다. 학생들의 이런 질문을 접하며 나 자신에게 되묻곤 한다. 난 언제부터 과학이라는 학문에 애정을 가지고 내 삶의 동반자로 삼았을까?

강원도 산골 출신인 나는 자연과 나의 삶을 서로 떨어뜨려 생각할 수 없는 환경 속에서 자라서인지 과학이라는 과목을 접하면서도 별 어려움 없이 매우 즐겁게 공부를 할 수 있었던 것 같다. 이런 측면에서 보면 나는 엄청난 행운아라고 생각한다. 해마다 학생들에게 과학을 가르치면서도 교사인 나는 매우 즐겁고 재미있게 수업 내용을 즐기곤 한다. 수업 중 종종 아이들에게 "얘들아, 이거 너무 재미있고 신기하지 않니?" 하고 물으면 아이들은 오히려 그렇게 생각하는 나를 신기하다는 표정으로 바라보아 질문을 한 나를 머쓱하게 만들기도 한다.

처음 교사가 되어 아이들에게 은하수를 설명할 때였다. 표정들이 하도 수상하여 혹시 은하수를 본 적이 없나 싶어 물어봤다. "밤하늘의 은하수를 본 사람?" 맙소사, 손을 든 녀석은 한 반에 불과 두세 명. 그러니 도시 아이들에게 자연은 멀게 느껴질 것이며 과학을 이해하는 것 또한 쉽지 않을 것이란 점도 이해가 되었다.

'아이들은 왜 과학을 어려워할까? 어떻게 하면 좀 더 쉽게 아이들이 과학을 공부할 수 있을까?'

학교에서 과학을 가르치는 교사라면 누구나 하게 되는 고민이다. 사람마다 관심 분야와 재능이 다르다는 점, 또 현재의 과학 교과 내용이 학생들에게는 양적으로 너무 많다는 점, 시험과 관련되어 갖게 되는 심적인 부담 등도 한 원인일 거라는 생각이 든다. 신비롭고 흥미로운 과학을 어렵게만 느끼는 학생들을 보면 안타까운 심정이다.

그러나 그런 어려운 조건 속에서도 좀 더 쉽고 즐겁게 학생들이 과학 공부를 했으면 하는 생각으로 현장의 과학 교사들이 모임을 구성하여 오랜 기간 동안 수업 연구와 토론을 해 오고 있다. 그동안 여러 가지 연구를 해 오던 중 이번에는 좀 더 즐겁고 쉽게 과학 교과서 내용을 이해할 수 있는 책을 쓰게 되었다. 지구과학, 생물, 화학, 물리를 각자 전공 분야로 나누어 맡아 쓰고 방학 내내 함께 원고를 읽고 토론하며 다시 수정하기를 반복하여 학생들이 묻고, 교사가 대답하는 형식으로 초등학교와 중학교 교과서의 내용을 쉽게 풀어 쓴 책을 만들게 된 것이다.

교과서의 딱딱하고 어려운 틀을 벗어나 일상적인 대화와 생활 속의 예로 과학의 여러 원리를 재밌고 쉽게 답하여 과학 교과서 내용의 흐름을 잡는 데 도움이 될 수 있도록 만들고자 하였다. 또한 지식과 공식의 나열이 아니라 왜 그렇게 되었는지 그 원리에 바탕을 두고 설명하였으며 애정 어린 시각으로 살아 숨 쉬는 생명의 소중함을 느낄 수 있게 하고자 노력하였다.

이 책이 과학을 좀 더 쉽게 이해하고 사랑하게 되는 데 조금이라도 도움이 되기를, 그래서 과학에 대한 애정으로 과학과 더불어 지구와 우주와 주변의 모든 생명체를 사랑하는 멋진 사람으로 성장하는 데 도움이 되기를 바란다.

마지막으로 이 책을 출판하기까지 도움을 주신 많은 분들, 또 초고를 쓸 때마다 집에서 맨 먼저 원고를 읽고 의견을 주었던 작가 교사들의 아들과 딸들인 열음, 재언, 경태, 영종, 민종에게 감사를 드린다. 더불어 가을부터 시작해서 겨울을 지나 아름다운 향기 가득한 따스한 7월까지 이 책을 만들기 위해 함께한 일곱 분의 선생님들과 이 기쁨을 같이하고자 한다.

2009년 7월, 일곱 명의 작가를 대표하여

〈서울과학교사모임〉 홍제남

작가의 말

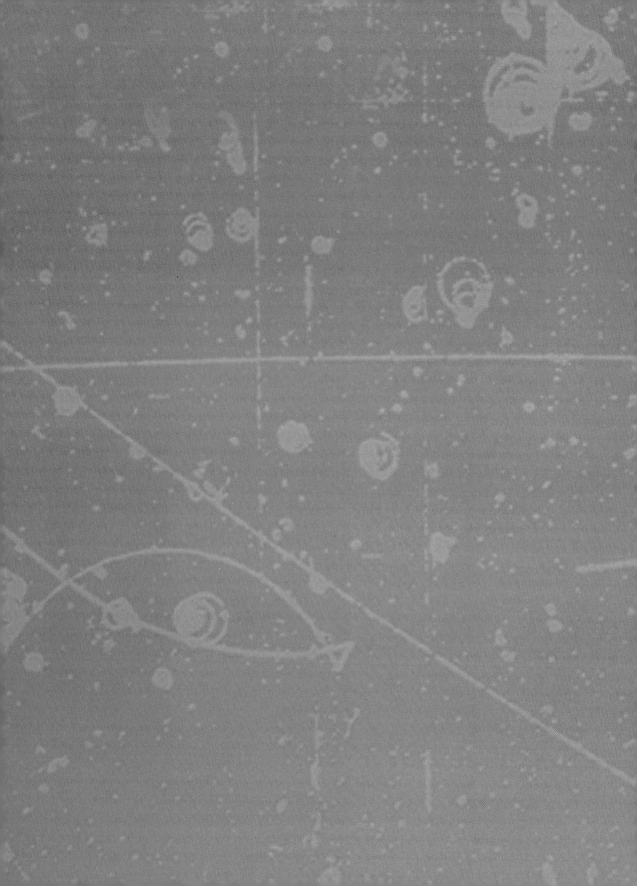

수많은 물질,
서로 다른 이름을 갖다

한송희

Science

물은 왜 물이고,
소금은 왜 소금일까요?

물질은 무엇인가요?

물질은 우리가 항상 사용하는 물건인 컵, 책상, 옷, 필통, 음식 등을 이루고 있는 재료들을 모아서 부르는 이름이지. 물질이 되려면 질량*이 있고 부피*를 차지해야 해. 물질이 아닌 예로는 에너지를 들 수 있어. 에너지에는 뜨겁고 차게 하는 열, 전기 기구를 켜는 전기, 어둠을 밝히는 빛 등이 있는데 이러한 에너지는 질량이 없으니 물질이라 하지 않지.

그럼 우리 주변에 보이는 대부분의 것들은 질량이 있으니 물질이 겠지. 물질은 종이, 흙, 플라스틱, 알루미늄, 철, 유리 등등 무수히

질량
물질들이 지닌 고유한 양으로 단위는 kg(킬로그램), g(그램)으로 나타낸다. 보통 질량이 클수록 무겁다.

부피
물질이 차지하는 공간의 크기로 단위를 L(리터), mL(밀리리터)로 나타낸다. 1mL는 가로, 세로, 높이가 모두 1cm인 정육면체가 차지하는 공간의 크기다.

▶ 물질은 질량이 있고 에너지는 질량이 없다.

많이 있어. 그런데 "공기도 물질인가?" 하고 묻는 친구들도 있는데 물질 맞아. 왜냐고? 공기도 질량이 있기 때문이야. 공기를 특정 그릇에 넣은 것과 공기를 모두 뺀 그릇의 질량을 비교하면 공기를 넣은 것이 더 무겁잖아. 이건 공기도 질량이 있다는 뜻이지.

그러면 지구 상에 있는 물질의 종류는 얼마나 될까? 물질의 종류를 헤아리기 전에 해야 할 일이 있어. 물질들을 분류하는 것이 필요해.

물질을 어떻게 분류할까요?

우리가 주변에서 흔히 볼 수 있는 물질로 설명해 볼게. 물, 설탕은 잘 알고 있지? 물과 설탕을 섞으면 설탕물이 되는 것도 잘 알고 있을 거야. 설탕물처럼 설탕과 물이 섞여 있는 물질, 즉 두 가지 이상의 물질이 섞여 있는 것을 '혼합물'이라고 해.

반면 설탕이나 물은 다른 물질이 섞여 있지 않아. 이처럼 다른 물질이 섞여 있지 않은 물질, 즉 한 가지 물질로만 이루어진 것을 '순물질'이라고 하지. 우리가 알고 있는 물질 중 순물질에 해당하는 것을 찾아볼까? 금, 은, 철, 소금염화나트륨, 설탕, 물, 알루미늄, 산소, 수소, 이산화탄소 등등…. 잘 찾았어. 그럼 혼합물에 해당하는 물질은? 스테인리스강, 식초, 석유, 나무, 술, 공기, 흙 등등이 있어.

혼합물 중 스테인리스강은 그릇, 냄비 등을 만드는 물질로 철과 비슷하게 보이지만 철과는 달리 녹이 슬지 않는 장점을 가지고 있지. 스테인리스강은 철에 크롬*과 니켈*을 섞어서 만든 혼합물이란다. 공기는 순물질로 생각된다고? 아니야. 공기도 산소, 질소, 아르곤*, 이산화탄소, 수증기 등으로 이루어진 혼합물이란다.

물은 왜 물이고, 소금은 왜 소금일까요?

물은 왜 물이고, 소금은 왜 소금이냐고? 어째 굉장히 심오한 질문

크롬
은백색의 광택을 띠며 잘 부서지는 금속의 일종. 녹이 잘 슬지 않는다.

니켈
은백색의 광택을 띠는 금속의 일종. 녹이 잘 슬지 않는다.

아르곤
공기의 약 1%를 이루는 기체 물질. 전구, 형광등 안에 넣는다.

인 것 같은데…. 음, 그것은 물과 소금의 특성이 다르기 때문일 뿐이고, 또 그런 차이 때문에 사람들이 이름을 다르게 붙였을 뿐이지. 예를 들어 왜 나는 김한솔이고 너는 왜 이샛별일까? 그것은 나와 너의 눈, 코, 입, 얼굴 빛깔, 아이큐, 성격 등이 다르기 때문이지. 이처럼 물질은 다른 물질과 구별되는 성질이 여럿 있는데 이러한 것들을 모아서 물질의 특성이라고 해.

물질은 색·냄새·맛·광택·굳기의 차이가 있고, 태웠을 때 또는 물에 넣었을 때 나타나는 모습이나 성질도 저마다 달라. 물론 밀도·녹는점·끓는점·용해도 등에서도 차이를 보인단다. 밀도·녹는점·끓는점·용해도를 잘 모르겠다고? 다음 단원에서 설명해 줄 테니 지금은 그냥 넘어가도록 하자.

물질의 특성 중에서 우리의 다섯 가지 감각*을 활용해서 보고, 듣고, 냄새 맡고, 맛보고, 피부로 느끼는 것으로 쉽게 알아낼 수 있는 특성만을 모아 특별히 '겉보기 성질'이라고 하지.

그럼 우리 주변에 있는 물질 중 잘 알고 있는 물질들의 겉보기 성질을 알아볼까?

다섯 가지 감각
미각, 후각, 청각, 시각, 촉각이 여기에 속한다.

	색	굳기	광택	맛	태움	물에 넣기
구리	붉은색	단단	O	X	안 탐	녹지 않음
철	회백색	단단	O	X	안 탐	녹지 않음
금	노란색	단단	O	X	안 탐	녹지 않음
설탕	흰색	쉽게 부스러짐	X	달다	타면서 연기가 남	잘 녹음
소금	흰색	쉽게 부스러짐	X	짜다	안 탐	잘 녹음

그런데 물질의 질량, 부피, 온도 등은 물질의 특성이라고 할 수 있을까? 이것들은 물질마다 서로 다르기는 하지만 물질의 특성에는 넣지 않아. 왜냐고? 물질의 종류가 같을 때에는 물질의 특성도 반드시

같아야 해. 또 종류가 달라지면 특성도 달라져야 해. 그래야만 물질의 종류를 서로 구별하는 기준으로 사용할 수 있기 때문이야.

예를 들어 볼게. 물을 가열하면 시간이나 불의 세기에 따라 온도가 80℃ 혹은 90℃ 등으로 다양하잖아. 이처럼 온도가 다르다고 물이 종류가 다른 식용유가 되는 것은 아니잖아? 그러니까 온도는 물질의 특성이 될 수 없어. 질량이나 부피도 마찬가지지. 같은 물이라도 질량이나 부피가 다를 수도 있으니 물질의 종류를 구별하는 특성이 될 수 없는 거야.

이렇게 물질마다 특성이 서로 달라 자기만의 고유한* 모습을 갖게 되어 각자의 이름을 갖게 된 것이지. 그럼 소금물, 공기 같은 혼합물은 그 물질만의 고유한 모습을 갖지 못하겠네? 그렇고말고. 혼합물은 두 가지 이상의 물질이 섞여 있어서 섞여 있는 물질의 성질들을 모두 나타내므로 자신만의 고유한 특성을 갖지 못하지.

고유한
본래부터 가지고 있는 특유한.

특성을 이용하여 순물질과 혼합물을 구별할 수 있나요?

생활 속에서 사용하는 물질 중에서 어떤 물질이 순물질이고 어떤 물질이 혼합물이냐고? 쉽진 않지만 순물질과 혼합물을 구별하는 방법이 있어. 어떤 방법일까? 바로 물질의 특성을 이용하는 거야.

앞에서 순물질은 자신만의 고유한 특성을 갖고 있지만 혼합물은 그렇지 않다고 이야기했지? 예를 들어 볼게. 물은 양이 적거나 많거나 맛을 보았을 때 맛이 느껴지지 않는 고유한 특성이 있지. 그러나 혼합물인 소금물은 섞여 있는 소금과 물의 양에 따라 짠맛이 강하든가 심심하든가 맛이 제각각 달라져. 그러니 고유한 특성이 없는 셈이야.

물질의 특성을 조사해서 고유한 특성이 나타나면 순물질이고, 고유한 특성이 나타나지 않으면 혼합물이야. 예를 더 들어 볼게. 순물질인 물은 얼음으로 변하는 온도, 즉 어는 온도가 항상 0℃인데 비해, 혼합물인 소금물은 0℃보다 낮은 온도에서 얼기 시작하고, 어는 온도도 정해져 있지 않아. 소금물 속에 녹아 있는 소금의 양에 따라 어는 온도가 달라지기 때문이야. 소금이 많을수록 어는 온도는 낮아지지. 추운 겨울에 민물*인 강물은 얼지만 바닷물은 얼었다는 소리를 들은 적이 없었던 경험으로도 확인할 수 있을 거야. 순물질과 혼합물의 차이를 알겠니?

민물
강이나 호수 따위와 같이 소금이 녹아 있지 않은 물.

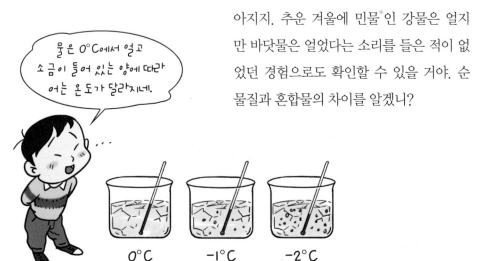

물은 0℃에서 얼고 소금이 들어 있는 양에 따라 어는 온도가 달라지네.

0℃   -1℃   -2℃

물질은 언제 생겼고 몇 종류나 될까요?

물질이 언제 생겼느냐고? 우주가 처음 생긴 빅뱅 때부터 물질이 생겼다고 할 수 있어. 우주가 생기고, 태양계가 생기고 지구가 생겨났을 초기에는 수소, 헬륨, 규소*, 산소, 철 등으로 물질의 구조도 간단했고 종류도 많지 않았어. 그런데 지구에 새로운 환경이 조성되면서 초기에 존재했던 물질들이 서로 화합*하여 새로운 물질들이 계속 만들어져 왔다고 하지. 그렇게 새롭게 생긴 물질들을 우리는 화합물이라고 해. 화합물은 고유한 성질을 갖고 있기 때문에 순물질에 속하지.

지구 상에 물질의 종류가 몇 개냐고 했을 때 일반적으로 혼합물은 제외하지. 자신만의 고유한 특성이 없을뿐더러 순물질들이 서로 섞이는 경우가 너무 많아 그 수를 파악하기 힘들기 때문이야. 물질의 종류는 고유의 특성을 갖고 있는 순물질들에 이름을 붙이고 모아서 그 수를 세어야 하는데, 그 수는 약 2,500만 종류 정도 된다고 해.

이러한 물질의 수는 사실 정해져 있지 않아. 왜냐고? 자연적으로 새로운 물질이 만들어지기도 하지만 사람들이 물질에 대한 탐구를 하면서 생활에 필요한 물질을 계속 만들어 내기 때문이지. 1897년 독일 바이엘사의 호프만 박사가 열을 떨어뜨리고 통증을 없애주는 아스피린을 만들어 낸 것, 1938년 미국의 뒤퐁사에서 합성 섬유인 나일론을 만들어 낸 것 등이 그 좋은 예야. 지금도 과학자를 중심으로 여러 사람들이 다양한 방법으로 필요한 물질들을 계속해서 새롭게 만들어 나가고 있어. 물질의 종류는 앞으로도 무궁무진하게 많아질 수 있을 거야.

규소
반도체의 원료가 되는 물질. 유리를 구성하는 주요한 성분이다.

화합
두 개 이상의 다른 물질들이 결합하여 성질이 달라지는 것.

순물질과 혼합물을 또 분류하면?

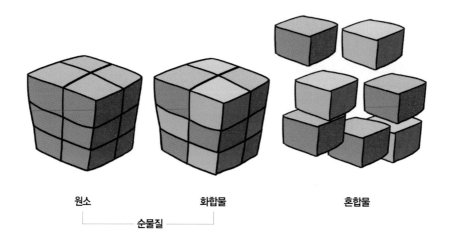

원소   화합물   혼합물

순물질

    물질을 분류하면 순물질과 혼합물로 분류할 수 있다고 했지? 순물질은 크게 원소와 화합물로 분류할 수 있어. 원소는 한 가지 성분만으로 이루어진 순물질이고, 화합물은 두 가지 이상의 원소가 서로 화합하여 만들어진 순물질이란다. 화합은 두 가지 이상의 성분이 규칙적으로 서로 결합하여 성분 물질의 특성과는 완전히 다른 특성을 지닌 새로운 물질로 만들어지는 것을 일컫는단다.

    원소에는 수소·산소·질소·철·알루미늄·금·은 등이 속하고, 화합물에는 물·이산화탄소·소금·설탕 등이 속해. 그런데 화합물도 두 가지 이상의 성분 물질로 이루어지고, 혼합물도 두 가지 이상의 성분 물질로 이루어졌는데 차이점은 무엇일까? 그림과 같이 화합물은 성분 물질들이 서로 규칙적으로 결합되어 있는 반면 혼합물은 성분 물질들이 결합되지 않고 단순히 섞여 있는 점이 달라.

    실제 물질의 예를 들어 볼게. 산소는 우리가 숨 쉬는 데 반드시 필요한 물질이고 수소는 지구 상에서 가장 가벼운 물질로 태양을 이루는 성분 물질이야. 산소, 수소는 한 성분으로 되어 있어서 원소에 속하지. 그런데 산소와 수소를 일정한 비율로 섞어 열을 가하면 서로 화합하여 '물'이라는 화합물이 된단다. 만약 산소와 수소가 단순히 섞여 있으면 '산소와 수소의 혼합물'이 되는 것이지.

    혼합물도 소금물처럼 성분 물질이 고르게 섞여 있는 균일 혼합물과 흙과 같이 성분 물질이 고르게 섞여 있지 않은 불균일 혼합물로 분류한단다.

물질의 분류

물질은 질량이 있으므로 에너지와는 구별된다. 물질은 고유한 특성이 있는가, 없는가에 따라 순물질과 혼합물로 분류한다. 순물질은 한 가지 성분인가 아닌가에 따라 원소, 화합물로 분류하고, 혼합물은 고르게 섞여 있는가, 아닌가에 따라 균일 혼합물, 불균일 혼합물로 분류한다.

02
Science
비슷한 물질을 어떻게 구별할까요?

많은 사람이 술 먹고 죽었다고요?

가끔 신문이나 방송에서 나오는 뉴스 중에 술을 마시고 집단으로 목숨을 잃었다는 내용이 있어. "에이! 술을 먹고 사람이 죽다니? 그것도 많은 사람들이 한꺼번에?"

실제로 2005년 아프리카 케냐에서 밀주*를 마신 49명이 사망하고 2명이 실명한 사건이 발생했고, 2007년의 마지막 날 몽골의 수도에서 송년회를 하던 11명이 자신들이 만든 보드카*를 마시다 목숨을 잃었다고 해.

우리나라에서도 2005년 12월에 마산 교도소 재소자들이 인쇄 작업장에서 몰래 빼돌린 알코올로 술을 만들어 마셔 1명이 시각 장애인이 되었고, 2005년 터키 이스탄불에서도 술을 마시고 8명이 죽고 40명이 입원했대. 이외에도 비슷한 사건들은 아주 많지.

술은 취할 뿐이지, 목숨을 잃을 정도는 아닌데 어떻게 된 일일까? 그 이유는 술을 만드는 물질인 알코올의 종류를 구별하지 못한 탓이야. 보통 술소주와 같은 투명한 술은 물과 에탄올의 혼합물이며, 소주에서 나는 독특한 향취*는 에탄올의 특성이란다. 그런데 에탄올과 사촌쯤 되는 알코올 중 메탄올이 있는데 이것은 알코올램프의 연료로 냄새가 에탄올과 거의 비슷해.

밀주
허가 없이 몰래 담근 술.

보드카
러시아산 술로 우리나라 소주와 만드는 법이 비슷하나, 소주보다 에탄올 비율이 높다.

향취
향기, 향내

메탄올을 마신 후   에탄올을 마신 후

▲ 메탄올을 마시면 눈이 멀거나 죽을 수 있다.

잘 모르는 사람은 에탄올이나 메탄올 모두 알코올이니까 같은 물질로 착각하고 물에 에탄올 대신 메탄올을 타서 마시는 일이 종종 일어나고 이것이 커다란 사고로 이어지는 거야. 메탄올과 에탄올은 특성이 서로 다르거든. 에탄올은 우리 몸에 들어가도 큰 문제는 없지만* 메탄올은 시각을 마비시키거나 심하면 사망에 이르게 하는 특성이 있어.

음주
에탄올이 든 술도 계속 마시거나 많이 마시면 질병이 생기고 심지어 사망하기도 한다.

비슷한 물질들, 어떻게 구별할까요?

에탄올과 메탄올은 서로 냄새도 비슷하고 손에 묻히면 쉽게 증발해서 날아가는 등 아주 비슷해 보여. 그럼 이 둘을 구별하는 방법은 없을까?

에탄올과 메탄올은 온도계를 꽂고 가열해서 끓는 온도를 측정하면 구별할 수 있어. 에탄올은 78℃에서 끓고, 메탄올은 64℃에서 끓지.

끓는점

물질이 끓어 액체 상태에서 기체 상태로 변하는 온도.

몇 가지 물질의 끓는점

물	100℃
수은	357℃
산소	−183℃
질소	−196℃

녹는점

녹는점은 액체 물질이 열을 밖으로 빼앗겨 고체로 될 때의 온도인 어는점과 같다. 그 예로 물의 어는점과 얼음의 녹는점은 모두 0℃로 같다.

몇 가지 물질의 녹는점

에탄올	−114℃
철	1535℃
염화나트륨	801℃
산소	−218℃

이와 같이 모든 물질은 끓을 때의 온도인 '끓는점*'이 서로 다르기 때문에 끓는점을 이용하면 물질을 서로 구별할 수 있어. 그런데 끓는점이 비슷하거나 또는 구별해야 하는 물질이 고체이거나 또는 끓는점이 아주 높은 물질들은 어떻게 구별할까?

끓는점과 비슷하게 물질을 구별할 수 있는 특성 중 '녹는점*'이 있어. 녹는점*은 고체 물질이 열을 받아 액체로 될 때의 온도를 말해. 설탕의 녹는점은 185℃, 소금의 녹는점은 801℃로 서로 다르듯이 물질은 종류별로 서로 다른 녹는점을 갖고 있지.

끓는점과 녹는점 외에 물질마다 서로 다른 특성을 이용하여 물질을 구별할 수 있을 텐데 그러한 특성에는 어떤 것들이 있을까?

작은 나무토막처럼 큰 통나무도 물에 뜰까요?

자, 아리송한 퀴즈 하나 내 볼게. 밀가루를 반죽하기 위하여 물에 식용유를 약간 넣으면 어떻게 될까? 물론 식용유가 물에 뜨지. 그러면

코르크 마개

기름

플라스틱 조각

물

포도알

물엿

◀ **밀도의 비교**
코르크마개 〈 기름 〈 플라스틱조각 〈 물 〈 포도알 〈 물엿

식용유에다 물을 약간 넣으면 뜰까, 가라앉을까, 가운데로 갈까?

식용유의 양이 많으니까 당연히 물이 식용유 위에 뜬다고? 땡~ 틀렸어. 물은 식용유 밑에 가라앉아.

왜 그럴까? 뜨고 가라앉는 것을 알려 주는 것이 물질의 밀도인데 같은 물질인 경우 밀도가 같지. 밀도가 큰 물질일수록 가라앉으려고 하고, 밀도가 작은 물질일수록 위로 뜨려고 하지. 식용유의 밀도는 0.9g/cm³으로 물의 밀도인 1.0g/cm³보다 작아 양이 많든 적든 어느 경우에나 물 위에 뜨는 거야.

크기가 작은 나무토막이든 아름드리* 통나무든 나무가 모두 물에 뜨는 것은 나무의 밀도가 물보다 작기 때문이지. 그러면 밀도란 도대체 무엇이기에 숫자로 나타낼 수 있을까? 아래 그림을 보면 이해가 잘 될 거야.

밀도密度는 물질이 얼마나 빽빽하게 구성되어 있는가를 나타내는데 아래 그림의 (가)처럼 같은 부피의 상자 안에 사과가 많이 들어가 있을수록 빽빽하다고도 하고 또는 밀도가 크다고도 하지. 반대로 (나)처럼 같은 부피의 상자 안에 사과가 적게 들어가 있을수록 성기다*고도 하고 밀도가 작다고도 하지. 그런데 물질은 속이 보이지 않지? 그러면 무엇으로 밀도를 나타낼까?

g/cm³
밀도를 나타내는 단위. 물질의 부피 1cm³(=1mL)가 갖는 물질의 질량(g)을 나타낸 것. 밀도가 0.9g/cm³라는 것은 물질 부피 1cm³의 질량이 0.9g임을 표시한 것이다.

아름드리
두 팔을 벌려 껴안은 둘레의 길이 정도로 큰 것을 나타낼 때 쓴다.

성기다
물질 사이가 빽빽하지 않고 넓다. 물질 사이가 배지 않고 뜬다. '배다'는 성기다의 반대말로서 '물질의 사이가 촘촘하다'의 뜻을 갖고 있다.

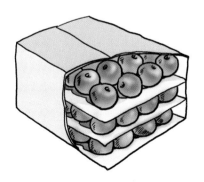

▲ (가) 밀도가 크다.

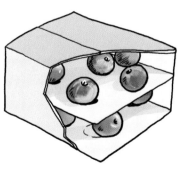

▲ (나) 밀도가 작다.

물질 속을 볼 수 없는데 물질의 밀도를 어떻게 나타낼까요?

앞의 그림에서 보듯이 같은 사과 상자 안에 사과가 많을수록 밀도가 크다고 해. 그런데 물질 속은 눈으로 볼 수 없어. 마찬가지로 사과 상자 속을 볼 수 없다면 우리는 사과 상자 겉에 쓰인 질량이나 무게[*] 표시를 보고 그 속에 사과가 얼마나 많이 들어 있는지 짐작하곤 해. 질량이 크면 사과가 빽빽이 들어 있고 질량이 작으면 성기게 들어 있음을 짐작할 수 있지.

물질도 마찬가지야. 물질의 속 구조를 눈으로 볼 수 없으니 모든 물질의 부피를 $1cm^3$[*]로 일정하게 한 후 각 물질의 질량을 측정하여 밀도를 나타낸단다. 질량이 큰 물질일수록 밀도가 크다고 하고, 물질의 속 구조가 더 빽빽하게 구성되어 있을 거라고 추측하지.

물질의 종류가 다르면 밀도가 다르단다. 반면에 같은 물질일 경우 물질의 모양이나 크기가 달라도 밀도가 같으므로 밀도는 물질의 종류를 구별할 수 있는 물질의 특성 중 하나란다. 비슷하게 보이는 물질들도 밀도를 측정해 비교하면 확실하게 구별할 수 있지.

그러면 끓는점, 녹는점, 밀도 외에 물질을 구별할 수 있는 방법에는 무엇이 있을까?

물질마다 물에 녹는 정도가 다르다고요?

소금을 지고 가다가 물에 빠져 짐을 덜은 꾀 많은 당나귀 이야기 들어 봤지? 그런데 그 당나귀가 염전[*] 물에 빠지면 어떻게 될까? 당나귀가 진 소금은 염전 물에 조금도 녹지 않아. 그것은 소금이 물에 녹을 수 있는 양에는 한계가 있기 때문이지. 염전 물에는

무게
물체를 지구가 잡아당기는 힘의 크기. 질량이 클수록 무게가 크다.

$1cm^3$
가로, 세로, 높이가 모두 1cm인 정육면체의 부피의 크기로 1mL와 같다.

염전
소금을 만들기 위해 바닷물을 끌어들여 논처럼 만든 곳.

소금이 최대로 녹아 있거든.

그러면 온도와 질량이 같은 물에 설탕과 소금을 최대한 녹일 수 있는 양은 같을까, 다를까? 물론 다르지. 물에 계속 녹이는 실험을 해 보면 알 수 있어. 이와 같이 모든 물질은 일정한 온도에서 일정한 양의 물에 녹는 양이 서로 다르단다. 이것을 표현한 물질의 특성을 '용해도'라고 해. 용해도도 물질의 종류에 따라 달라서 물질을 구별하는 또 다른 특성이 된단다.

용해도

용해란 소금, 설탕, 산소, 이산화탄소 같은 물질용질이 물 같은 액체용매에 녹는 현상을 일컫는다. 용해도는 어떤 온도에서 용매 100g에 최대로 녹을 수 있는 용질의 질량g으로 표시이다. 용질의 종류가 다르면 특정 온도에서 용해도가 달라지므로 용해도는 물질의 특성에 속한다. 용질이 같더라도 용매의 온도가 달라지면 용해도가 달라진다.

용매의 온도가 높을수록 고체 용질소금, 설탕 등의 용해도는 커지고, 기체 용질산소, 암모니아, 이산화탄소 등의 용해도는 작아진다.

높은 온도의 용매에 최대로 고체 용질을 녹인 후 온도를 낮추면 용해도가 작아져 녹을 수 없게 된 용질은 다시 고체로 되어 나타나는데 이것을 석출이라고 한다. 석출된 고체는 자신의 고유한 모양을 하는 경우가 많은데 이것을 고체의 결정이라고 한다.

밀도를 어떻게 구할까?

밀도는 물질의 부피 1cm³에 해당하는 질량이라고 했지? 그러면 밀도를 어떻게 측정할까?

첫째, 물질의 부피를 1cm³로 만든 후 그것의 질량을 저울로 측정해서 숫자로 쓰면 그것이 밀도가 되지.

부피를 다르게 하여 측정한 질량 값은 밀도로 쳐주지 않아.

질량 : 20g 질량 : 35g 질량 : 10g

부피를 1cm³로 해서 측정한 질량 값을 밀도라고 해.

아.. 뻐뻐러..

질량 : 7.8g 질량 : 8.7g 질량 : 2.7g

둘째, 가장 흔히 하는 방법으로 물질의 부피와 질량을 측정한 후 질량 값을 부피의 값으로 나누면 구할 수 있어.

$$밀도 = \frac{질량}{부피}$$

이때 물질의 부피는 비커, 눈금실린더로 측정하고, 질량은 저울로 측정한단다.

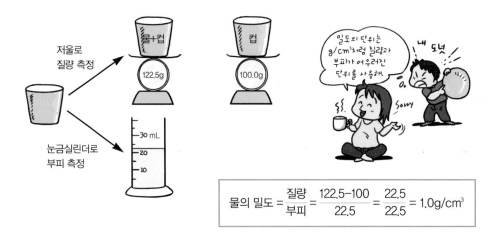

저울로 질량 측정

물+컵

122.5g

컵

100.0g

눈금실린더로 부피 측정

30 mL
20
10

밀도의 단위는 g/cm³처럼 질량과 부피가 어우러진 단위를 사용해.

내 도넛

Sorry

$$물의 밀도 = \frac{질량}{부피} = \frac{122.5-100}{22.5} = \frac{22.5}{22.5} = 1.0g/cm^3$$

물질을 구별하는 방법

코가 안 좋아 강한 냄새 외에는 못 맡아.

물, 에탄올, 메탄올, 물엿, 기름

↓

냄새를 맡아 본다.

냄새가 난다(에탄올, 메탄올).

냄새가 없다(물, 물엿, 기름).

↓ **끓는점을 측정한다.**   ↓ **밀도를 측정한다.**

64℃에서 끓음 (메탄올)   78℃에서 끓음 (에탄올)

 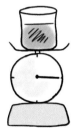 

밀도가 가장 작다. (기름)   밀도가 중간이다. (물)   밀도가 가장 크다. (물엿)

03 혼합물을 어떻게 분리할까요?

혼합물을 왜 분리할까요?

순물질과 혼합물 중 우리 생활에 유용하게 쓰이는 것은 둘 중 어느 것일까? 음, 대답하기 곤란한데. 왜냐고? 경우에 따라 순물질이 필요할 때가 있고 혼합물이 필요할 때가 있기 때문이야.

예전에 밥을 먹을 때 가족 중의 한두 명은 꼭 돌을 씹고 울상을 짓곤 했어. 어머니가 밥을 할 때 돌과 쌀을 골라내느라 노력했는데도 돌이 완전히 분리가 되지 않았지. 쌀은 우리 몸을 건강하게 하고, 돌은 우리의 이를 상처 나게 하니 돌은 반드시 골라내야 하겠지.

또 바다로 둘러싸인 섬에 물이 귀하다는 이야기를 듣는 때가 종종 있어. "바닷물은 대부분 물로 되어 있는데 물이 왜 귀해?" 이렇게 말하는 친구는 없겠지. 그래, 바닷물*에는 소금을 비롯한 염류가 섞여 있어 마시거나 빨래를 하기 힘들단다. 그러니 바닷물에서 염류와 물을 분리해서 순수한 물만 사용해야겠지. 이런 때에는 순물질이 아니면 안 될 거야.

반면에 순물질보다 혼합물을 쓰는 것이 더 유용할 때가 있어. 순수한 금은 깨물면 표면에 상처가 날 정도로 무르지만 금에 다른 금속을 섞어 쓰면 굳기가 단단해져. 또 아이들이 좋아하는 음료수도 여러 가지 물질이 섞여 있을 때 더 맛이 다양하잖아?

바닷물
바닷물에는 다음과 같은 염류가 녹아 있다. 염화나트륨, 염화마그네슘, 황산마그네슘, 황산칼슘, 황산칼륨 등.

순물질이 생활에 꼭 필요해서 분리하기도 하지만 과학자들이 물질을 분리하려는 또 하나의 중요한 이유는 수많은 물질의 근원을 찾는 것에 있다고 할 수 있지. 근원 물질을 밝히고 이것들이 어떻게 다른 화합물을 구성했는지 그 원리를 알아낸다면 수많은 물질들에 대한 이해가 쉽고 간편하겠지. 필요한 경우 적당한 물질을 찾아낼 때도 쉽지 않겠어? 당뇨병* 환자를 위해서 설탕을 대체할 수 있는 인공 감미료를 만드는 예에서 보듯이 물질의 구성 원리를 이용해서 새로운 물질을 만들어 낼 수도 있을 거야.

그렇다면 물질들이 혼합되어 있을 때 어떤 방법으로 분리할 수 있을까?

바닷물에서 어떻게 순수한 물을 얻을까요?

바다로 둘러싸인 섬에 물이 부족하다고? 그런데 바닷물에서 어떻게 순수하게 물을 분리하지? 가장 손쉬운 방법은 보통 끓이거나 증발시키는 거야.*

두 물질을 분리하는 방법을 알아내려면 혼합물을 이루는 성분

당뇨병
혈액 속 포도당의 농도가 높아 소변으로 포도당을 내보내는 병. 물을 많이 마시고 체중이 감소하는 증상을 보인다.

바닷물에서 물을 분리하는 방법
근래에 들어서는 막을 이용한 역삼투압(염류는 염류가 있는 쪽으로 보내고, 물은 물이 있는 쪽으로 보내는 방법)으로 물과 염류를 분리한다.

끓임쪽
액체를 끓일 때, 액체가 끓는점 이상으로 가열되어서 갑자기 끓어오르는 것을 막기 위해 넣는 작은 돌이나 유리 조각이다.

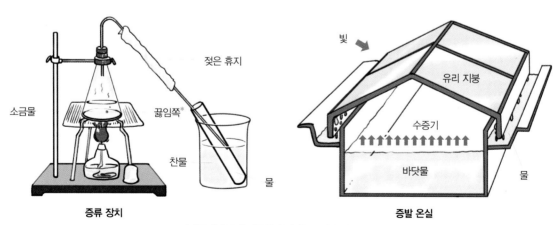

소금물　젖은 휴지　끓임쪽*　찬물　물
증류 장치

빛　유리 지붕　수증기　바닷물　물
증발 온실

▲ 바닷물에서 물과 염류를 분리하는 2가지 방법

물질의 특성을 알아야 한단다. 어휴, 그 많은 특성들을 어떻게 다 알아야 할지 골치 아파. 그런데 여러 특성 중에서 아주 눈에 띄게 차이 나는 특성 하나만 찾아 그것을 이용하면 되니까 그렇게 어려운 일만은 아니지.

물과 염류의 경우는 끓는점의 차이가 많이 나서_{물의 끓는점: 100℃, 소}_{금의 끓는점: 1,400℃} 바닷물을 가열시키면 끓는점이 낮은 물이 먼저 기체로 되어 나오지. 그것을 모아 다시 식히면 순수한 물인 증류수를 바닷물에서 분리해 낼 수 있어.

아, 앞에서 메탄올과 에탄올의 이야기를 했지. 만약 메탄올과 에탄올이 섞여 있으면 바로 끓는점의 차이를 이용해서 분리할 수 있어.

▼ 분별 증류 장치의 기능

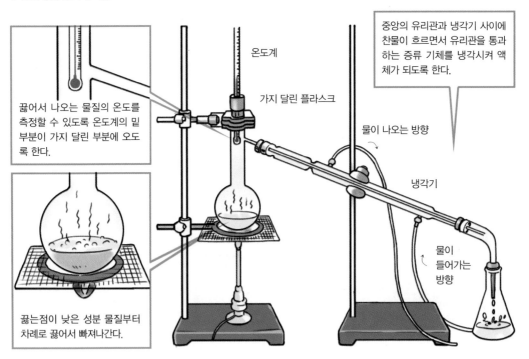

끓어서 나오는 물질의 온도를 측정할 수 있도록 온도계의 밑 부분이 가지 달린 부분에 오도록 한다.

끓는점이 낮은 성분 물질부터 차례로 끓어서 빠져나간다.

온도계

가지 달린 플라스크

중앙의 유리관과 냉각기 사이에 찬물이 흐르면서 유리관을 통과하는 증류 기체를 냉각시켜 액체가 되도록 한다.

물이 나오는 방향

냉각기

물이 들어가는 방향

가열하면 끓는점이 낮은 메탄올이 먼저 기체로 되어 나와. 계속 가
열하면 끓는점이 높은 에탄올이 기체가 되지. 각각의 기체를 따로
모으면 메탄올과 에탄올이 서로 분리되겠지. 이렇게 두 가지 이상의

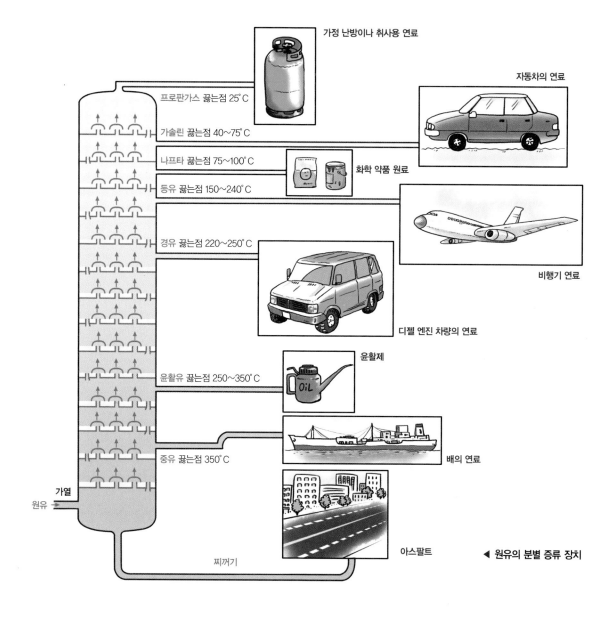

가정 난방이나 취사용 연료

자동차의 연료

프로판가스 끓는점 25°C

가솔린 끓는점 40~75°C

나프타 끓는점 75~100°C

화학 약품 원료

등유 끓는점 150~240°C

비행기 연료

경유 끓는점 220~250°C

디젤 엔진 차량의 연료

윤활유 끓는점 250~350°C

윤활제

중유 끓는점 350°C

배의 연료

가열

원유

찌꺼기

아스팔트

◀ 원유의 분별 증류 장치

액체가 섞인 혼합물을 가열하여 끓는점이 낮은 물질부터 차례로 분리하는 방법을 분별 증류라고 해. 분별 증류할 때는 분별 증류 장치를 이용한단다.

참, 자동차의 연료인 가솔린*, 경유*, LPG*를 어떻게 얻는 줄 아니? 바로 땅속에서 캐낸 시커먼 원유에서 모두 한꺼번에 분별 증류를 이용해 얻어. 원유를 특별한 분별 증류 장치인 증류탑에서 가열하면 끓는점에 따라 이런 것들뿐 아니라 플라스틱을 비롯한 화학제품을 만드는 원료인 나프타, 배의 연료인 중유, 도로 포장에 쓰이는 아스팔트 등이 줄줄이 따로 나뉘어져 나온단다.

가솔린
원유 성분 중 끓는점이 40~75℃인 물질로 자동차의 연료로 사용하며 휘발유라고도 한다.

경유
원유 성분 중 끓는점이 220~250℃인 물질로 디젤 엔진 차량의 연료로 사용한다.

LPG
액화석유가스(liquefied petroleum gas). 원유 성분 중 끓는점이 25℃ 내외인 프로판가스와 부탄가스를 통칭한다.

원숭이가 흙에 떨어진 곡식 낱알을 골라 먹는 원리는?

일본 원숭이는 흙에 떨어진 낱알을 흙과 함께 움켜쥐고 주변의 웅덩이 물에 넣어서 낱알이 물에 가라앉기 전에 건져 먹는다는 이야기가 있어. 여기에는 물질 분리의 중요한 원리가 들어 있는데 바로 밀도 차이를 이용한 물질 분리 방법이지.

흙과 낱알을 물에 넣으면 밀도가 큰 흙은 물에 빨리 가라앉고 밀도가 작은 낱알은 천천히 가라앉기 때문에 원숭이가 낱알만 건져 먹을 수 있는 거야.

이와 비슷한 원리로 물질을 분리하는 예가 쌀과 돌이 섞여 있을 때 분리하는 방법이야. 쌀과 돌은 밀도가 서로 달라서 쌀의 밀도〈돌의 밀도 밀도를 이용해서 골라 내지. 돌이 들어 있는 쌀을 물에 넣으면 쌀이나 돌 모두 물보다 밀도가 커서 둘다 가라앉지. 이때 엄마들은 조리*로 물을 흔들어 쌀에서 돌을 골라

뭐 하는 거야?

조리
쌀을 일거나 물기를 뺄 때 쓰는 주방 기구.

낸단다. 밀도가 작은 쌀은 물에 따라 움직여 조리에 걸리지만 돌은 밀도가 커서 가라앉은 채 움직이지 않아 쌀만 골라낼 수 있는 거야.

물　　　　　　소금물

▲ 중간 밀도의 액체를 이용한 볍씨의 분리

만약 물 이외의 액체 중에서 쌀과 돌의 밀도 중간에 해당하는 것이 있다면 쌀은 그 액체에 뜨게 되고 돌은 액체에 가라앉아 쉽게 분리할 수 있을 텐데….

음, 실제 혼합물에 중간 밀도의 액체를 넣어 분리하는 예가 있어.

벼농사를 시작할 때 모[*]를 기르기 위해 볍씨[*] 중에서 알찬 볍씨를 골라서 싹을 틔어야 해. 이때 볍씨를 소금물에 넣어 주면 소금물은 알찬 볍씨보다는 밀도가 작고 쭉정이 볍씨보다는 밀도가 크거든. 그래서 알찬 볍씨는 가라앉고 쭉정이 볍씨는 위로 뜨므로 분리할 수 있지.

왜 물 대신 소금물을 사용하느냐고? 그건 물보다 소금물의 밀도가 커서 조금이라도 알차지 않은 볍씨까지 위로 뜨게 하여 분리할 수 있기 때문이야.

얼마 전 태안 앞바다에 유조선 사고로 원유가 새어 나와 온통 검은 원유로 뒤덮였던 걸 기억하지? 원유의 밀도가 바닷물의 밀도보다 작고 또 물과 섞이지 않아서 위로 뜬 거야. 사고 초기에 기름을 흡수하는 헝겊이나 종이를 바닷물 위로 얹거나 위에 뜬 원유를 떠내는 작업은 원유를 나름

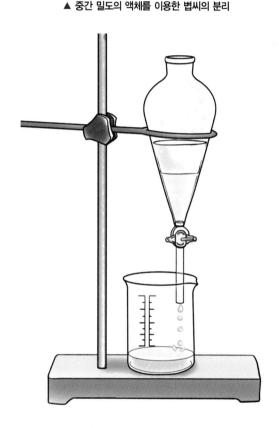

▲ 분별 깔때기로 식용유와 물을 분리할 수 있다.

모
쌀을 얻어 내는 벼의 어린싹.

볍씨
벼의 씨. 볍씨를 벗겨 내어 쌀을 얻는다.

대로 분리해 내기 위한 노력이야. 물에 식용유가 섞였을 때 스포이트나 작은 스푼 혹은 분별 깔때기로 분리할 수 있는 것도 같은 원리지.

올림픽 선수의 약물 복용을 어떻게 알아낼까요?

물질 분리하면 뭐니 뭐니 해도 현대에서 각광*을 받는 중요한 분리 방법을 빠뜨리면 안 되겠지.

각광
사회적 관심이나 흥미. '주목'이라는 말로 쓰이기도 한다.

올림픽이나 커다란 체육 경기에서 선수들의 약물 복용은 많은 이야깃거리를 주고 있어. 금지 약물을 복용하면 경기에서 자신이 가진 실력보다 더 좋은 기록을 낼 수 있기 때문에 절대 페어플레이라 할 수 없을 거야. 그래서 금메달을 따도 약물을 복용한 것이 밝혀지면 금메달을 박탈당하지. 아르헨티나의 축구 천재 마라도나는 약물 복용으로 월드컵에서 영구 추방되었고, 1988년 서울 올림픽에서는 벤 존슨이 100미터 세계 신기록을 세웠음에도 불구하고 금메달을 박탈당했어.

선수들이 약물을 복용했는지 어떻게 알아낼까? 그것은 바로 크로마토그래피라는 물질 분리 방법을 이용한 도핑 테스트*로 알아낸다. 또한 크로마토그래피는 여러 종류의 물질이 섞여 있는 혼합물도 쉽게 분리할 수 있고, 혼합물의 양이 적어도 분리가 가능하기 때문에 다른 물질 분리 방법보다 좋은 점이 많단다. 그래서 현대에는 크로마토그래피로 물질을 분리하는 방법을 다양하게 연구했고, 여러 방식으로 사용하고 있지.

도핑 테스트
도프(dope)란 처음에는 경마에서 말에 투여하는 약물을 일컬었는데 의미가 확대되어 운동선수들이 기록을 좋게 하기 위해 복용하는 약물도 일컫게 되었다. 도핑 테스트란 약물을 복용한 여부를 알아내는 검사를 말한다.

마른 찻잎에서 어떻게 향취 좋은 녹차가 나오나요?

녹차, 둥글레차를 마셔 본 적이 있지? 녹차는 차나무 잎을 말려 뜨거운 물에 넣어 물에 잘 녹는 성분만 녹아 나오게 한 것이란다. 찻잎 성분 중 향취 좋은 성분만 물에 대한 용해도가 크기 때문에 물에

녹아 나와 사람들에게 좋은 느낌을 주는 거야. 만약 모든 성분이 전
부 물에 잘 녹는다면 우리가 아는 녹차 맛이 나지 않겠지?

　이외에 콩에서 콩기름을 분리해 내는 방법도 이와 비슷해. 여러
혼합물 중 한 성분만 녹이는 용매를 이용하여 특정한 물질만 분리
하는 방법을 '추출' 이라고 해. 추출은 특정 용매에 대한 용해도 차
를 이용해 혼합물을 분리하는 방법이지.

크로마토그래피

1906년 러시아의 식물학자 츠베트가 탄산칼슘을 채운 관을 이용해서 식물
잎의 색소를 분리한 물질 분리 방법이다. 그림과 같이 종이에 묻힌 검은색 사
인펜의 잉크 색소들이 물을 따라 이동하는 속도가 달라 성분 색소를 분리할
수 있다. 이와 같이 혼합물이 물과 같은 용매를 따라 종이와 같은 특정 물질
위로 올라가는 속도가 다른 것을 이용해 물질을 분리하는 방법을 일컫는다.
각 물질과 용매가 올라간 거리의 비 Rf치(용질 이동률) = $\dfrac{\text{용질이 올라간 거리}}{\text{용매가 올라간 거리}}$ 는 물질마
다 달라 분리된 물질이 어떤 물질인지 확인할 수 있다.

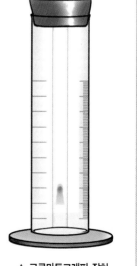

▲ 크로마토그래피 장치

식용유는 어떻게 만드는 걸까?

▲ 압착법

▲ 추출법

식용유는 콩·땅콩·깨·목화씨에서 기름 성분만을 분리한 거야. 그런데 콩, 땅콩 등은 기름뿐 아니라 녹말, 단백질 등 무수히 많은 성분이 혼합되어 있는데 어떻게 기름 성분만을 뽑아낼 수 있을까? 여기에는 압착법과 추출법 두 가지가 있어.

압착법은 재료를 부수고 가열한 후 기계를 이용하여 큰 힘을 작용시켜 기름 성분을 짜내는 방법이지. 이와 같은 분리법은 시장의 기름집이나 방앗간에서 깨를 원료로 참기름, 들기름 등을 얻을 때 사용하지. 그런데 압착법은 재료에 있는 기름 성분을 3∼6% 정도 남기게 된대. 그래서 기름 성분을 거의 완전하게 분리시킬 수 있는 방법으로 사용하는 것이 추출법이야.

추출법은 재료 속에 들어 있는 기름 성분만을 녹일 수 있으며 또 증발이 잘 되는 헥산과 같은 용매를 이용해서 기름을 분리하는 방법이지. 우선 재료를 부수고 여기에 용매를 넣어서 오랫동안 흔들어 주면 용매에 기름 성분이 녹아 나오지. 기름 성분이 녹아 있는 용매를 분리시킨 후 가열시키면 용매는 모두 기체가 되어 증발되어 버리고 기름 성분만 얻을 수 있어. 이와 같이 추출법을 이용하면 섞여 있는 기름 성분을 99.5% 이상 분리할 수 있대. 그래서 식용유 제조 회사에서는 이와 같은 추출법을 사용하지.

혼합물을 분리하는 방법

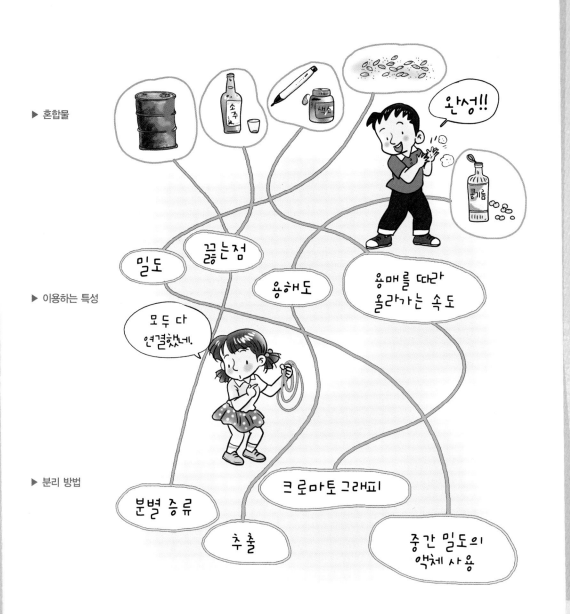

▶ 혼합물

▶ 이용하는 특성

▶ 분리 방법

2 chapter

수많은 물질, 그 근원을 찾다

문지의

1 물질을 계속 확대시키면 무엇이 보일까요?

2 원소에는 어떤 종류가 있을까요?

3 원자는 어떤 방법으로 물질을 만들까요?

01 물질을 계속 확대시키면 무엇이 보일까요?

Science

옛날 사람들은 물질의 근원을 무엇이라고 생각했나요?

바위, 나무, 공기 등 수많은 물질들은 어떻게 만들어지는 걸까? 또 소금물은 소금과 물로 분리할 수 있다고 배웠는데 소금과 물은 무엇으로 만들어졌을까? 주변에 있는 많은 물질들이 어떤 재료로 만들어졌는지 궁금하지? 그런데 아무리 눈을 크게 떠도 물질을 구성하는 성분을 볼 수 없으니 어쩌지?

옛날 자연 철학자*들도 '주변에 있는 많은 물질들이 무엇으로, 또 어떻게 만들어지는 것일까?' 하고 고민했어. 그중 탈레스는 화분에 물만 주었을 뿐인데 싹이 나고, 줄기가 생기고 꽃이 피는 것을 보고 물이 만물의 근원이라고 생각했지. 엠페도클레스는 만물의 근원은 흙, 공기, 물, 불로서 절대 생성, 소멸, 변화하지 않고 사랑과 미움의 힘에 의해 결합, 분리하면서 만물이 생겨난다고 보았어. 예를 들면 물과 기름이 섞이지 않는 것은 미워하는 힘이 있기 때문이라고 했지. 아리스토텔레스는 엠페도클레스의 사상을 받아들여 물질은 흙, 공기, 물, 불에 따뜻함, 차가움, 습함, 건조함이라는 기본 성질이 조합되어 만들어지며 서로 변환될 수 있다고 했어.

감자와 양파와 같은 기본 식재료로 카레와 야채 볶음을 만들듯이 흙, 공기, 물, 불과 같은 기본 성분이 모여 물질을 이루는데 이것들

자연 철학자
고대에 자연의 생성과 변화를 연구하는 학자들.

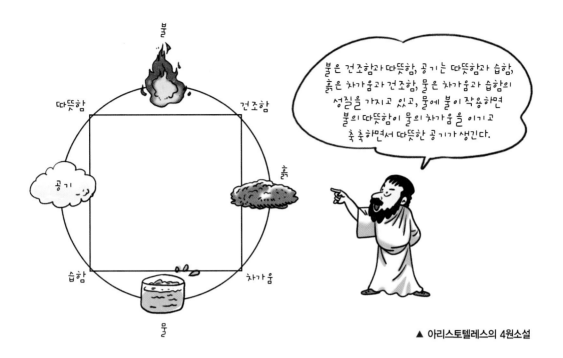

▲ 아리스토텔레스의 4원소설

을 옛날 사람들은 '원소' 라고 불렀어.

그리스의 철학자 레우키포스는 '만물의 근원은 무엇인가?' 라는 질문에 "만물은 공간을 운동하는 더 이상 나누어지지 않는 입자로 되어 있다."고 답해. 레우키포스의 생각은 그의 제자인 데모크리토스에게 전해지고, 더 이상 나누어지지 않는 입자를 아토모스atomos, 즉 '원자' 라 불러. 이 원자는 단단하기 때문에 파괴될 수 없다고 해. 크기와 형태가 다양한 원자들이 서로 모이고 흩어져 자연의 다양한 물질과 변화를 만들어 낸다고 하는 거야. 데모크리토스는 입자의 운동을 생물이나 감각, 사고로까지 확장시켜 설명하려 했어.

이렇게 만물의 생성은 '흙, 공기, 물,

▲ 데모크리토스의 원자설

불과 같은 원소로 설명하려는 관점'과 '원자로 설명하려는 관점'으로 나눌 수 있어.

물질을 바라보는 두 관점의 차이는 무엇인가요?

아리스토텔레스의 4원소들은 일정한 모양과 크기를 갖춘 것이 아니어서 마음대로 섞을 수도 있고 무한히 나눌 수도 있는 것이야. 반면 데모크리토스의 원자는 물질을 무한히 나눌 수 없고 물질을 구성하는 최소의 알갱이가 있다는 거야. 예를 들어 아리스토텔레스는 금을 무한히 자를 수 있고 나중에는 사라져 버린다고 생각했지. 그러나 데모크리토스는 금을 자르고 자르다 보면 더 이상 나누어지지 않는 금 알갱이에 이르고, 알갱이와 알갱이 사이에는 빈 공간이 있다고 생각했어.

아리스토텔레스는 이 원자설을 부정하고 빈 공간, 즉 진공은 없다고 생각했어. 옛날에는 과학 기술이 발달한 것이 아니기 때문에 오로지 직관*과 관찰에 의해 자연의 법칙과 물질에 대해 생각할 수밖에 없었잖아.

낙하하는 물체는 물속보다 공기에서 더 빠르다는 거 알지? 아리스토텔레스도 그렇게 생각했어. 그렇다면 진공에서는 저항이 없기 때문에 물체의 낙하 속력이 무한이 될 테지만 이것은 불가능하다고 생각했어. 그래서 "자연은 진공을 싫어한다."는 유명한 말을 남겨.

또 다른 예를 들어 볼까? 철로 된 필통 표면을 잘 봐. 그 뚜껑 표면에 구멍이 있을까, 없을까? 필통 표면에 구멍이 없이 모두 철로 연속되어 있다고 생각하는 사람은 아리스토텔레스의 생각과 같고, 눈에 보이지는 않지만 철 입자가 있고 그 사이에 빈틈이 있다고 생각하는 사람은 고대의 데모크리토스의 생각과 같아.

아리스토텔레스의 주장은 자연에서 쉽게 관찰될 수 있는 것들이

직관
감각, 경험, 연상, 판단, 추리 따위의 작용을 거치지 아니하고 대상을 직접적으로 파악하는 작용.

▲ 데모크리토스   ▲ 아리스토텔레스

었고, 데모크리토스의 주장은 추상적이면서 실험을 통해 증명하지도 못했어. 그래서 설득력이 있는 아리스토텔레스의 생각이 널리 퍼져 근대까지 이어지게 되지. 과연 누가 옳은 말을 했을까?

물질의 근원에 대한 생각은 무엇인가요?

그렇게 세월이 흘러 17세기에 들어와 진공에 대한 과학적 증거* 들을 찾기 시작해. 이것을 계기로 데모크리토스의 원자설을 지지했던 사람들이 목소리를 내기 시작하지.

보일은 아리스토텔레스의 4원소는 물질 자체가 아니라 물질의 성질, 즉 불-에너지, 공기-기체 상태, 물-액체 상태, 흙-고체 상태를 나타낼 뿐이라고 말했어. 그는 '원소는 물질 그 자체이고, 더 이상

토리첼리의 실험
1643년에 토리첼리가 대기압의 작용에 관하여 한 실험. 한쪽 끝이 막힌 1미터의 유리관에 수은을 가득 채우고, 뒤집어 수은이 든 그릇에 담가 세우면 관 속의 수은이 내려가고 윗부분이 진공이 된다.

간단한 성분으로 나눌 수 없는 것'이라는 새로운 원소 개념을 도입
해. 그리고 그는 과학을 연구하는 사람은 실험을 통해 증명해야 한
다는 신념을 가지고 있었기 때문에 J자관 실험을 통해 입자 사이에
는 빈 공간이 있다는 것을 증명해.

　　J자관 실험이 뭐냐고? 한쪽은 막히고, 반대편은 열린 지팡이 모
양의 유리관에 수은을 넣어 공기를 압축하는 거야. 수은이 들어갈
때마다 공기의 부피가 줄어들겠지? 공기가 한 덩어리라면 줄어들
수 있을까? 빈 공간과 원자가 있어 수은이 들어갈 때마다 입자의 사
이가 가까워져서 부피가 줄어드는 것은 아닐까?

　　라부아지에가 살던 시대에도 아리스토텔레스의 물질관이 이어져

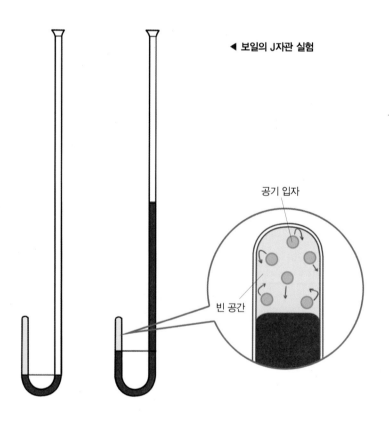

◀ 보일의 J자관 실험

공기 입자

빈 공간

물

냉각수

불타는 공기

물은 더 이상 분해되지 않는 원소라고 믿고 있었어. 그런데 라부아지에는 석탄 불 사이로 금속관을 달구고 한쪽에서 물을 부어 관 사이로 수증기가 지나가도록 하였어. 금속관을 빠져나온 기체들을 모아 불을 붙였더니 탔어. 아마도 수증기였다면 연소되지 않았을 거야. 금속관을 통해 나온 기체는 물이 분해되어 나온 것이므로 물과는 성질이 다른 것이었지. 물 분해 실험을 통해 아리스토텔레스의 4원소설이 잘못되었음을 증명하게 돼.

지금 생각해 보면 데모크리토스의 물질관이 놀라워. 그러나 실험적 뒷받침이 없어서 묻힐 수밖에 없었다는 것을 생각해 보면 참으로 안타까운 일이야. 이제는 물질이 더 이상 분해되지 않는 알갱이, 즉 원자로 이루어져 있다는 것을 의심하는 사람은 없지만 이런 결론을 내리기까지 2,000년 이상의 시간이 필요했던 셈이지.

돌턴은 실험법칙*들을 근거로 원자에 대한 생각을 정리하는데 이것을 돌턴의 원자설이라고 해.

실험법칙
관찰이나 실험 결과를 통해 얻은 법칙.

❶ 모든 물질은 원자라고 하는 더 이상 쪼갤 수 없는 아주 작은 입자로 구성되어 있다.

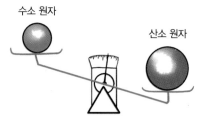

수소 원자

산소 원자

❷ 같은 원소의 원자는 크기와, 질량, 성질이 같으며, 다른 원소이면 그 원자의 크기와 질량과 성질이 다르다.

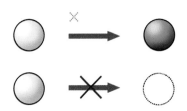

❸ 화학 변화가 일어날 때에 원자가 새로 생기거나 없어지지 않는다.

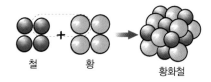

철   황   황화철

❹ 화합물은 서로 다른 종류의 원자가 정수비로 결합하여 생성된다.

원소는 어떻게 나타내나요?

중세의 사람들은 4원소를 잘 조합하면 새로운 원소를 만들 수 있다는 아리스토텔레스의 말에 근거하여 값싼 금속에서 금을 만들어 내려는 시도를 해. 허황되다고 볼 수도 있겠지만 그들의 시도로 많은 기체들이 발견되기도 하고, 실험 기구들이 개발되는 등 근대 화학의 발전이라는 긍정적인 역할도 했어.

그들은 실험에 사용한 물질들을 자기들끼리 알 수 있는 그림으로 나타내서 사용했지. 돌턴은 원자를 공 모양으로 생각했기 때문에 원안에 간단히 그림을 그려 원소를 나타내었어. 그러나 발견되는

	연금술사가 사용한 기호	관련된 천체	돌턴의 기호 (1808년)
금	☉	태양	Ⓖ
은	☽	달	Ⓢ
구리	♀	금성	Ⓒ
수은	☿	수성	✷
납	♄	토성	Ⓛ
철	♂	화성	Ⓘ
주석	♃	목성	Ⓣ

▲ 연금술사와 돌턴의 원소 기호

원소의 수가 많아짐에 따라 새로운 표기법이 필요했지. 1913년 베르셀리우스가 원소 기호를 알파벳 문자로 표기하는 방법을 제시하였고 그것을 지금까지 사용하고 있어.

식품 중에 원소 기호로 표현한 것들이 많아 그리 생소하지는 않을 거야. '칼슘Ca 강화우유'도 있고, 생수 이름 중에서도 산소 원소 기호를 볼 수 있지. 귀찮더라도 주요 원소 기호는 외워야 해.

한 가지 원소로 구성된 산소 기체의 성질은 산소 원자의 성질과 같나요?

돌턴은 '원소는 한 종류의 원자로 이루어진 물질'로 생각하고, '화합물은 두 가지 이상의 원소가 모여 이루어진 물질'이라고 생각했어. 예를 들어 산소 기체는 산소 원자가 산소 기체의 특성을 나타

원소기호는 옛날부터 사용해 오던 라틴어나 그리스어 이름의 알파벳 중 첫 자를 대문자로 나타낸다. 원소 이름의 첫 자가 같은 원소들은 두 번째 글자 또는 두 번째 음절의 첫 자를 소문자로 알파벳 첫 자와 함께 나타낸다. 예를 들어 탄소는 '석탄carbo'에서 C, 구리는 산지인 '키프로스 섬cuprum'에서 Cu, 세슘은 '파랗다caesius'에서 Cs로 나타낸다.

원소	원소 기호	유래
나트륨	Na	'소다중탄산나트륨'를 뜻하는 라틴어 natrium
산소	O	'신맛을 내는'을 뜻하는 그리스어 oxygenes
금	Au	'금'을 뜻하는 라틴어 Aurum

원소	원소 기호	원소	원소 기호	원소	원소 기호	원소	원소 기호	원소	원소 기호
수소	H	질소	N	마그네슘	Mg	황	S	철	Fe
헬륨	He	플루오르	F	알루미늄	Al	염소	Cl	수은	Hg
리튬	Li	네온	Ne	규소	Si	칼슘	Ca	은	Ag

낸다고 생각했지.

게이뤼삭이라는 과학자는 같은 온도와 압력에서 기체들이 반응할 때 일정한 부피비가 성립함을 밝혀내. 예를 들어 수소 1부피와 염소 1부피가 반응하면 염화수소 2부피가 생긴다는 거지. 이 법칙

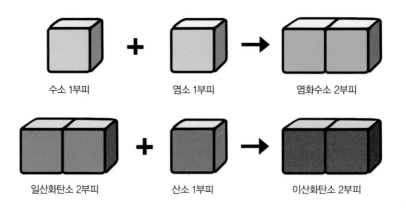

| 수소 1부피 | 염소 1부피 | 염화수소 2부피 |

| 일산화탄소 2부피 | 산소 1부피 | 이산화탄소 2부피 |

을 '기체 반응의 법칙'이라고 해.

그러나 이런 실험법칙을 돌턴의 원자설로는 설명할 수가 없었어. 이 문제를 해결하기 위해 아보가드로[*]는 원자의 집합체를 생각하게 되지. 예를 들어 산소 기체라면 산소 원자 2개가 모여 산소 기체의 특성을 나타낸다는 거지. 1개의 산소 원자는 산소 기체의 특성을 갖지 못한다는 거야.

이렇게 원자의 집합체 개념을 도입하면 돌턴의 원자설과 기체 반응의 법칙을 잘 설명할 수 있었는데 아보가드로는 이 원자의 집합체를 분자라고 불렀어. 공기 중의 질소 기체도 질소 원자 2개로 이루어져 있어. 이산화탄소는 탄소 원자 1개와, 산소 원자 2개로 이루어져 있고.

아보가드로
이탈리아의 과학자. "온도와 압력이 일정할 때 어떤 종류의 기체라도 같은 부피 안에 존재하는 입자의 수는 같다."는 가설을 제안함.

▶ 산소 원자와 산소 분자

동양의 물질관 '음양오행설'

　고대 중국에서 발생한 이론으로 우주 만물과 자연의 현상은 음양과 오행에 의해 변화한다고 보았어. 음양은 음지와 양지, 밤과 낮, 땅과 하늘, 여자와 남자, 차가움과 따뜻함 등 대립된 상태로 존재하지만 균형과 조화가 중요한 거야. 예를 들어 농사를 지을 때 양을 뜻하는 해가 너무 많이 나면 가뭄이 들고, 음을 뜻하는 비가 너무 많이 오면 홍수가 들어 망칠 수 있는데 음양이 조화로우면 농사가 잘되어 풍년을 맞을 수 있다는 거야.

　그리스의 4원소설에 해당하는 동양의 오행설이 있는데, 오행은 불(火)·물(水)·나무(木)·쇠(金)·흙(土)으로, 고체는 금과 토로 분류하고 여기에 생물인 목을 더하여 서양보다 자연에 대해 더 깊게 생각했음을 알 수 있어. 오행 사이에는 도와주는 성질과 다른 것을 이기는 성질이 있어서 일정한 규칙 속에서 물질이 변화한다고 믿었어.

　즉, 나무에 물을 주면 잘 자라는 것처럼 물과 나무의 관계, 흙에서 쇠를 캐내는 흙과 쇠의 관계, 불이 나면 재가 생기는 불과 흙의 관계, 찬 금속에 물이 맺히는 쇠와 물의 관계, 나무를 태우면 불이 붙는 나무와 불의 관계는 서로 도와주는 사이야. 불로 쇠를 녹이 듯이 불과 쇠의 관계, 불을 물로 끄듯 물과 불의 관계, 흐르는 물길에 흙을 덮으면 흐름이 막히는 것처럼 흙과 물의 관계, 나무가 흙을 뚫고 나오는 나무와 흙의 관계, 쇠로 나무를 자르는 듯 쇠와 나무의 관계는 한 성질이 다른 성질을 이기는 사이야.

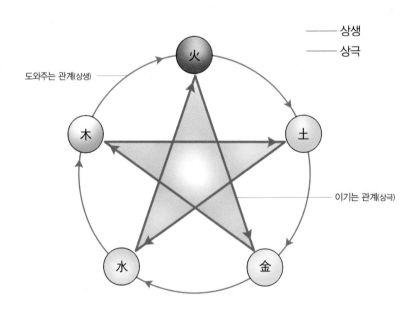

물질관의 변천 과정

02 원소에는 어떤 종류가 있을까요?

원소는 어떻게 분류하나요?

18세기에는 31개의 원소밖에 알지 못했기 때문에, 원소 분류 체계는 필요 없었지. 대부분의 원소들은 19세기에 발견되었고, 첫 번째 분류는 독일의 과학자가 원소의 특징에 따라 3개씩 묶은 것이었어. 이것을 '세쌍원소설*'이라 하는데 다른 원소들에는 적용되지 않았기 때문에 받아들여지지 않았어. 그러나 원소의 주기성을 생각하는 중요한 계기가 되었고 원자량*과 화학적 성질과의 유사성이 있음을 암시하는 것이었지.

1869년에 러시아의 화학자 멘델레예프는 원소들을 분류하는 새로운 체계를 만들어 냈어. 당시까지 발견한 60여 가지의 원소를 그 원소들의 원자량 순으로 나열했더니 신기하게 일정한 간격을 두고 화학적 성질이 비슷하거나, 녹는점 또는 끓는점 등의 물리적 성질들이 일정한 규칙성을 보였어. 이렇게 원자량을 기준으로 화학적 성질의 유사함을 고려해서 만든 표를 '주기율표'라고 해.

당시 만들어진 것은 현재 우리가 사용하는 주기율표와는 조금 달라. 현재는 원자들의 번호를 기준으로 만들어진 주기율표를 사용하고 있어. 물론 발견된 원소들의 수도 100여 가지 정도로 많지. 주기율표의 가로줄을 '주기'라고 하고, 세로줄을 '족'이라고 해. 같은

세쌍원소설
독일의 되베라이너가 각각 {염소·브롬·요오드}, {리튬·나트륨·칼륨}은 서로 비슷한 성질을 갖고, 가운데 있는 원소의 질량은 다른 원소들의 질량의 평균값과 같다는 것을 알아냄.

원자량
질량수가 12인 탄소를 기준으로 한 다른 원자들의 상대적인 질량.

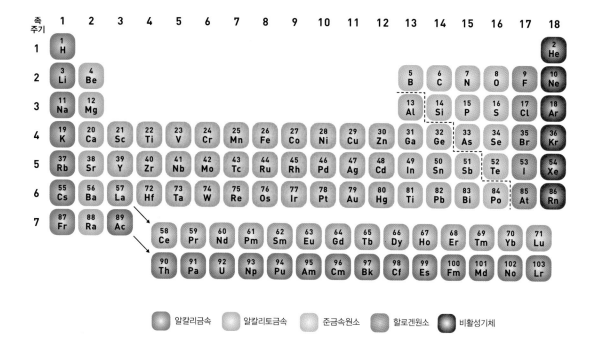

알칼리금속　　알칼리토금속　　준금속원소　　할로겐원소　　비활성기체

족에 있는 원소들은 모두 비슷한 화학적 성질을 갖는단다. 주기율표는 몇 주기, 몇 족까지 있을까?

원자의 내부는 어떻게 생겼나요?

데모크리토스의 주장으로부터 2,000년을 넘어 돌턴에 이르러서야 물질이 원자로 이루어졌다는 사실을 알게 돼. 이것만으로도 획기적인 일이어서 원자는 그저 둥근 모양이라고만 생각했어. 그런데 주기율표가 만들어지면서 '원소들이 규칙적으로 성질이 변화'한다거나 '공통의 성질을 나타내는 것'은 분명 원자 내부에 원인이 있을 거라고 생각하고 원자 구조에 대해 관심을 갖기 시작해.

1897년 톰슨은 실험을 통해 음전하*를 띤 전자를 발견해. 원자는 전기적으로 중성이니까 원자의 나머지 부분은 양전하를 띨 것이라

전하
물체가 띠고 있는 전기.

고 생각했지. 톰슨의 제자 러더퍼드는 스승이 제안한 원자 구조를 확인하는 실험 과정에서 핵을 발견해. 원자핵은 원자의 중심에 있는데 부피는 작지만 질량이 매우 크고 양전하를 띠고 있음을 알아내지. 얼마나 크기가 작으냐고? 원자의 크기를 잠실 운동장이라고 하면 핵은 그 안의 모래알 정도로 생각하면 돼. 생각보다 원자 내에 빈공간이 많지? 이 핵 주위에 전자들이 운동하고 있고.

러더퍼드는 원자핵의 질량은 양성자 질량의 약 2배가 된다는 사실에서 원자핵 안에 다른 입자가 있을 거라 생각했어. 그러나 이 입자는 전기를 띠고 있지 않아 발견하기 어려웠기 때문에 1930년대가 되어서야 알려지게 되는데 그것이 중성자야. 이렇게 원자의 구조는 양전하를 띠고 있는 양성자와 전하를 띠지 않는 중성자가 모여 핵을 이루고, 가볍고 음전하를 띤 전자로 구성되어 있어. 양성자와 전자는 종류만 다를 뿐 같은 크기의 전하량을 가지고 있지.

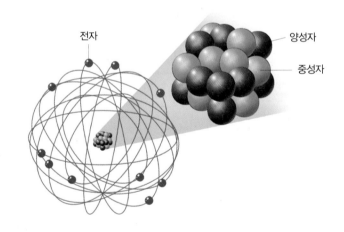

▶ 원자의 구조

전하량(C)
어떤 물체나 입자가 띠고 있는 전기의 양. 단위는 쿨롬(C)으로 나타낸다.

	입자	기호	전하량(C)*	전하비	질량(g)	질량비
핵	양성자	P	1.602×10^{-19}	+1	1.6726×10^{-24}	1836
	중성자	n	0	0	1.6749×10^{-24}	1839
	전자	e^-	-1.602×10^{-19}	-1	9.1095×10^{-28}	1

톰슨의 모형
백설기에 들어간 건포
도처럼 양전하를 띤 공
속에 전자들이 박혀 있
는 구조.

원자핵

러더퍼드의 모형
태양 주위를 도는 행성
처럼 양전하를 띤 원자
핵이 중심에 있고 그
둘레를 전자가 돌고 있
는 구조.

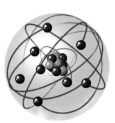

보어의 모형
원자핵 주위에 양파 껍
질처럼 여러 겹의 궤도
가 있고 그 궤도를 전
자가 원운동하고 있는
구조.

전자를 발견할 확률 90%인 공간

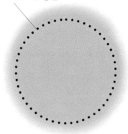

현대의 모형
전자를 발견할 수 있는
확률 분포를 구름처럼
나타낸 모형.

▲ **원자 구조의 변천 과정**

전자

원자의 구조는 눈에 보이지 않기 때문에 모형이 제안되어 왔는데
그 과정을 위 그림에 나타내었어.

원자의 구성 입자 중 전자는 원소에 따라 잃기를 좋아하기도 하
고 얻기도 좋아해서 전하를 띠게 되지. 나트륨은 전자를 잃기 좋아
하는 원소인데 전자를 잃었을 때 나트륨 원소의 성질이 바뀌는 것
은 아니야. 그저 중성의 원자냐, 전하를 띠고 있느냐의 차이일 뿐이
지. 그러나 특이하게 양성자 수가 변화하면 다른 원소로 바뀌어. 예
를 들어서 우라늄을 구성하는 핵의 양성자가 나뉘면 더 이상 우라
늄이 아니라 납이라는 원소로 바뀌게 되는 거지.

보통의 화학 반응에서 양성자 수가 달라지는 않아. 학급에서
번호를 매길 때 보통 이름의 가나다순으로 정하듯이 원소마다 번호
를 정한다면 원소의 고유한 특성을 나타내는 양성자 수로 결정하는
것이 좋겠지. 그래서 양성자 수로 원자 번호를 결정하고 그 순서대
로 원소들을 배열하여 만든 것이 현재 우리가 사용하고 있는 주기
율표야.

금속 원소와 비금속 원소는 어떻게 다른가요?

주기율표를 잘 봐. 참 신기하게도 왼쪽은 철·금·알루미늄·나트륨·구리 등의 금속 원소들이 있고 오른쪽은 산소·질소·염소 등 비금속 원소들이 있지. '금속' 하면 무엇이 머리에 떠오르니? '딱딱하다', '열과 전기를 잘 전달한다', '고체다', '무겁다' 등등?

맞아. 물론 금속 중에는 액체인 수은도 있고, 밀도가 물보다 작은 금속도 있지만, 철을 사포로 문질렀을 때 볼 수 있는 은백색의 광택, 알루미늄 호일처럼 얇게 펼 수 있는 퍼짐성, 전선처럼 가늘고 길게 뽑을 수 있는 뽑힘성 등은 금속이 갖는 일반적인 성질이야. 그런데 또 하나 중요하게 기억해야 되는 것이 있어. 금속은 전자를 잃고 양전하를 띤 입자로 되려는 공통적인 성질을 가지고 있다는 점이지.

반면에 비금속 원소들의 공통적인 성질은 전자를 좋아한다는 거야. 비금속 원소들은 실온에서 대부분 액체나 기체로 존재해. 금속과 비금속 각각의 공통적인 성질은 많은 화합물을 만들어 내기 때문에 매우 중요한 점이야. 그러나 비금속들 중 마지막 줄인 18족에 있는 원소들은 조금 특이해. 원소의 이름을 훑어볼까? 헬륨, 네온, 아르곤 등 좀 익숙한 이름들 아니니?

그래, 헬륨은 공기보다 가벼워 풍선에 넣기도 하고, 헬륨을 마시고 말을 하면 목소리가 높아지면서 매우 재미있게 들리잖아. 네온은 야간에 상점을 돋보이게 하기 위해서 네온사인에 많이 사용하지. 일반적으로 네온사인이라고 통칭하지만 유리관 안에 든 기체에 따라 색깔이 달라. 네온이 들어 있으면 붉은색을 나타내고, 아르곤은 자주색, 수은이 있으면 청록색으로 보여. 아르곤은 공기 중에 네 번째로 많이 존재하는 원소로 형광등에도 들어가.

금속 원소와 비금속 원소의 특징

금속 원소	전자를 잃는다 →	양전하를 띤 입자
비금속 원소	전자를 얻는다 →	음전하를 띤 입자

이 족에 있는 원소들은 다른 원소와 결합하지 않아. 왜냐고? 혼자 있어도 충분히 '안정'하기 때문이지. 금속 원소가 전자를 잃고, 비금속 원소가 전자를 얻는 이유도 비활성 기체들처럼 안정해지려고 하는 거야.

이온은 무엇인가요?

원자는 양성자 수와 전자 수가 같고 각각의 전하량이 같아 전기적으로 중성이야. 그리고 전자를 잃거나 얻어 전하의 균형이 깨져 전하를 띠게 되면 이온이라고 해.

이온의 종류에는 금속처럼 전자를 잃기 좋아해서 상대적으로 양전하를 띤 양이온과 비금속 원소처럼 전자를 얻어 와 음전하를 띤 음이온이 있어.

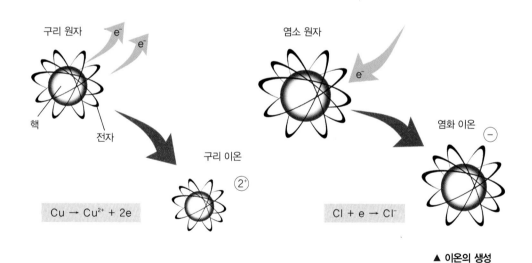

구리 원자
e^-
e^-
염소 원자
e^-
핵
전자
구리 이온
2^+
염화 이온
$-$

$$Cu \rightarrow Cu^{2+} + 2e$$

$$Cl + e \rightarrow Cl^-$$

▲ 이온의 생성

이온의 표기 방법

원소 기호를 X라 할 때, X의 오른쪽 위에 원자의 전하량을 나타낸다.

$$Na^+ \qquad Mg^{2+} \qquad Al^{3+}$$
$$Cl^- \qquad O^{2-} \qquad S^{2-}$$

생활 속의 원소의 이용

더 이상 분해되지 않으면서 여러 가지 물질을 이루는 기본 성분이 원소임을 알겠니? 여러 종류의 원소들이 모여 수많은 물질을 만들어 내기도 하지만 한 가지 원소로 물질을 이루기도 해. 그 예를 주위에서 찾아볼까?

탄소(C)
연필심은 흑연으로 되어 있는데 흑연은 탄소로 이루어져 있어. 탄소 원자의 배열 때문에 미끄러지는 성질이 있어 연필심으로 사용되는 거야. 탄소로 구성된 활성탄은 미세한 구멍이 많고 오염 물질을 그 안에 잡아 둘 수 있어서 공기 정화 효과가 있지.

산소(O₂)
공기 중에 약 20%를 차지하고 있는 산소. 산소가 없다면? 상상할 수도 없을 거야. 우리가 운동도 하고 공부도 할 수 있는 것은 몸 안에서 분해된 음식물을 산소가 태워 에너지를 얻을 수 있기 때문이지. 산소는 다른 물질이 타는 것을 도와주는 매우 중요한 기체야.

질소(N₂)
공기 중에 78%나 차지하고 있는 거 알지? 단백질의 구성 원소로서도 매우 중요해. 공기 중 비율은 높지만 매우 안정되어 있어서 화합물을 잘 만들지 않아. 이 특성을 이용해서 과자가 부스러지지 않게 과자 봉지 안에 질소 충전을 하지. 자동차 에어백의 충전재로도 쓰이고.

플루오르(F)
불소라 하며 치아가 썩는 것을 예방하기 위해 치약에 첨가해.

나트륨(Na)
노란빛을 내므로 안개등이나 고속도로 가로등으로 사용해.

구리(Cu)
수도관으로 사용되기도 하고, 전기 전도성이 매우 좋아 전선으로 사용돼.

그 외 금과 은은 희소성이 있어 귀금속으로 이용되고, 철은 생활에 많이 이용되는 금속으로 못에서부터 철근의 원료로 다양하게 쓰여. 또 알루미늄 같은 금속은 음료수 용기로 사용하기도 해.

원소의 분류와 원자의 구조

원소들을 분류하는 기준과 원자들의 내부 구조에 대한 이야기를 했는데 그림으로 정리해 볼까? 원소들은 금속과 비금속 원소들로 나누었고, 금속은 전자를 잃고 양이온으로 되고, 헬륨과 네온과 같은 비활성 기체들을 제외한 비금속 원소들은 전자를 얻어 음이온으로 되려고 해. 원자는 원자핵을 구성하는 양성자와 중성자, 원자핵 주위를 운동하는 전자로 구성되어 있어.

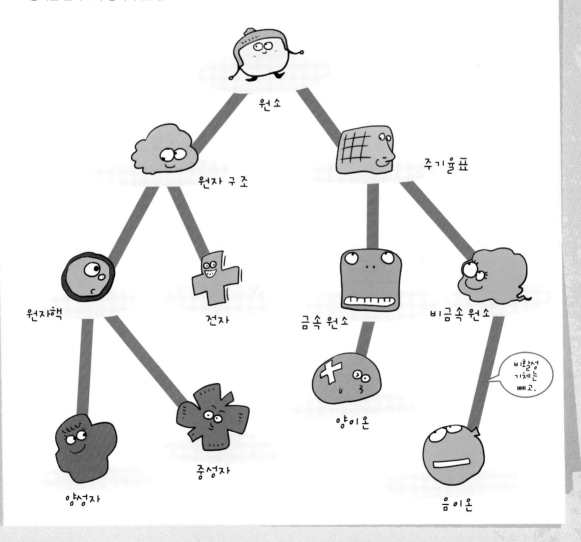

03 원자는 어떤 방법으로 물질을 만들까요?

Science

설탕과 소금은 무엇이 다른가요?

맛난 음식을 만들기 위해 꼭 필요한 양념을 말하라고 하면 소금과 설탕이 빠질 수 없겠지? 이 둘은 식품의 맛을 내기 위한 필수품이란 것과 모두 하얀 가루라는 공통점이 있지. 그래서 간혹 음식을 만들 때 실수로 바꾸어 사용해서 엉뚱한 맛을 내기도 해. 또 다른 공통점을 무엇일까? 갸우뚱~ 물에 잘 녹는다는 거? 그것도 맞네.

그러면 다른 점은 뭘까? 크크~ 짠맛과 단맛! 당근이고…. 음, 자

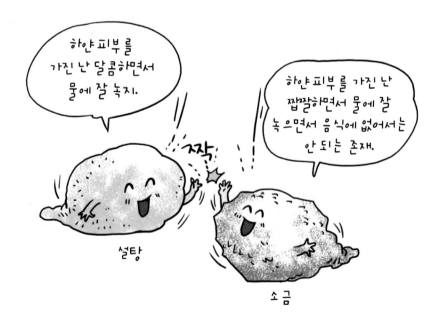

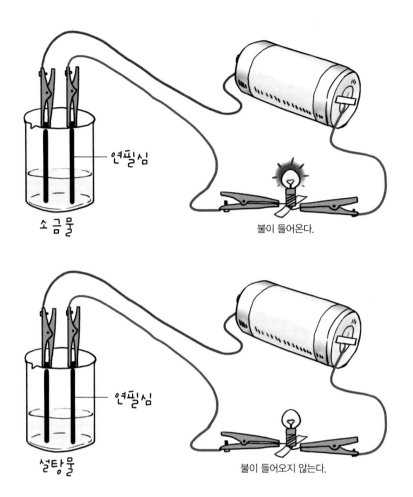

연필심

소금물

불이 들어온다.

연필심

설탕물

불이 들어오지 않는다.

세히 보면 알갱이 모양이 조금 다르다고? 빙고! 확대경으로 보면 소
금은 정육면체로 보이고, 설탕은 조금 반짝거리는 알갱이로 보이
네. 또 뭐가 있지? 잘 모르겠다고? 그럼 간단한 실험을 통해 보여
줄 테니 위 그림을 잘 봐.

어떤 다른 점이 있지? 그래 소금물에 연결한 꼬마전구는 밝게 불
이 들어오고 설탕물에 연결한 꼬마전구는 불이 들어오지 않네. 왜
그럴까?

떨어져 있는 연필심 사이에 전기를 흐르게 하는 입자가 소금물에는 있고 설탕물에는 없기 때문이야. 이렇게 전기를 흐르게 하는 전하를 띤 입자가 바로 이온이야. 소금은 물속에서 이온으로 있는데, 왜 설탕은 그렇지 않은 걸까?

물질은 어떻게 만들어지나요?

앞에서 화합물 배웠던 거 기억나니? 그래 두 종류 이상의 원소가 만나서 이루어진 물질을 화합물이라 한다고 했지. 소금과 설탕도 모두 화합물이야. 두 종류 이상의 원소가 만나서 생겨난 물질이지만 원자들이 만나는 방식이 달라. 원자들 사이에 힘이 작용해서 화합물이 만들어지는데 그 힘을 만드는 방식에 따라 다른 성질을 갖는 화합물들이 만들지는 거야.

주기율표의 원소들은 금속 원소와 비금속 원소들로 나눈다고 했지. 원자들이 만나는 방식도 이것과 관계가 있어. 이 분류 방법에 의해 원자들이 만나는 방법을 생각해 보면 금속 원소와 금속 원소가, 비금속 원소와 비금속 원소, 금속 원소와 비금속 원소들이 만나는 방법이 각각 다르겠지? 우리 주위에는 엄청나게 다양한 물질들이 존재하지만 만들어지는 방식은 이 세 가지라고 생각하면 돼. 이렇게 원자들이 만나는 것을 '화학 결합'이라고 해.

소금은 어떻게 만들어지나요?

그중에서 금속 원소와 비금속 원소가 만나는 것을 먼저 생각해 보자.

금속 원소들은 전자를 잃어버리고 양전하를 띤 입자, 즉 양이온으로 되려 하고, 산소·염소와 같은 비금속 원소들은 전자를 얻어서 음전하를 띤 입자, 즉 음이온으로 되려 한다고 했지.

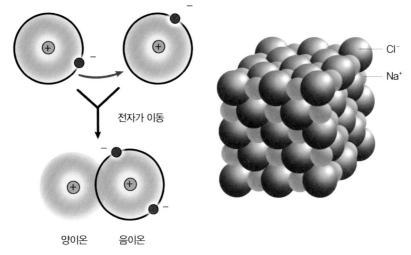

전자가 이동

양이온　　음이온

▲ 염화나트륨의 생성

　예를 들어 나트륨 원자는 양성자가 11개, 전자도 11개인데 전자 1개를 잃어버리고, 염소 원자는 양성자가 17개, 전자도 17개인데 전자 1개를 얻으려고 해. 나트륨은 전자 1개가 필요 없고, 염소는 전자가 1개 필요하니 서로 만나면 모두 만족할 수 있지 않을까? 그래, 나트륨은 전자를 잃어 양이온, 염소는 전자를 얻어 음이온이 되고 전하의 종류가 다르니 서로 인력이 작용하여 안정한 화합물을 만들수 있겠지. 이렇게 나트륨 양이온과 염화 음이온이 번갈아 가며 쌓여서 만들어진 화합물이 염화나트륨, 즉 소금이야.

　양이온과 음이온이 반대 전하의 인력에 의해 묶이는 화학 결합을 '이온 결합'이라고 하고 이온 결합에 의해 만들어진 물질을 '이온 결합 물질'이라고 해. 습기 제거제나 제설제로 사용하는 염화칼슘, 그리고 두부 만들 때 넣어 주는 간수의 주성분인 염화마그네슘 등이 이온 결합 물질에 속해.

　이온 결합 물질은 고체 상태에서는 이온들이 단단히 묶여서 전기

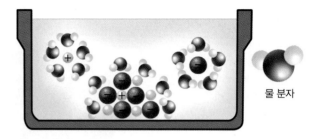

▲ 수화

이온을 물 분자가 둘러싸는 현상. 자석처럼 물 분자가 부분적인 양전하와 음전하를 모두 띠고 있기 때문에 나타나는 현상.

용융
고체 상태의 물질이 에너지를 흡수하여 액체로 상태 변화가 일어나는 일.

를 통하지 않지만 용융*하거나 물에 녹이면 물 분자에 의해 떨어져 나와 각각의 이온이 되고 전기를 통하게 되는 거지.

수용액에서 전기를 통하는 물질을 전해질, 전기를 통하지 않는 물질을 비전해질이라고 해. 전해질은 소금·염산·황산 등이 있고 비전해질은 증류수·에탄올·설탕·요소 등이 있어.

설탕은 어떻게 만들어지나요?

그러면 비금속 원소들이 만나면 어떻게 될까? 염소 원자 2개로 이루어진 염소 기체를 생각해 볼까? 모두 비금속 원소로서 전자를 좋아하니 한 원소만 전자를 잃거나 또는 얻을 수 없겠지? 서로 만족할 수 있는 좋은 방법은 없을까? 부족한 전자 수만큼 내놓으면 어떨까? 말도 안 된다고? 나는 전자를 좋아해서 전자를 더 받아야 하는데 그것만큼 내놓으라니.

이렇게 생각해 봐. 너도, 나도 전자가 필요하니 그만큼 사이좋게 내어 놓는 거야. 대신 그것을 공유하면 서로 만족할 수 있지 않겠니? 참 지혜로운 방법이지. 서로 다른 비금속 원소가 만나면 전자를 좋아하는 정도의 차이는 있지만 전자를 잃거나 빼앗아 올 정도는

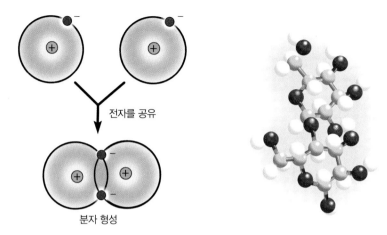

전자를 공유

분자 형성

▲ 공유 결합과 설탕의 분자 구조

되지 못하기 때문에 역시 전자를 공유해.

설탕 분자는 탄소·수소·산소 원자들이 서로서로 전자를 공유해서 단단히 묶여 있기 때문에 물 분자가 원자들을 떼어 내지는 못하고 설탕 분자 전체를 감싼 상태에서 흩어 놓기만 하는 거야. 이온이 없으니 전기가 통하지 않는 거지.

이렇게 비금속 원소들이 같은 원소끼리, 또는 다른 원소와 전자를 공유하는 화학 결합을 '공유 결합'이라고 하고 공유 결합에 의해 만들어진 물질을 '공유 결합 물질'이라고 해. 공유 결합 물질에 또 무엇이 있을까? 공기 성분인 산소, 질소가 속하고, 없으면 절대로 생명을 유지할 수 없는 물, 온실 효과의 대표 화합물인 이산화탄소, 소독약 성분인 과산화수소, 에탄올도 모두 여기에 속해. 정말 셀 수 없이 많아.

잠깐, 너무도 중요한 사실 한 가지! 이온 결합 물질인 염화나트륨과 공유 결합 물질인 물을 볼래? 염화나트륨은 구성 이온이 규칙적

우리는 한 형제,
모두 짭짤하지.
하하하!

가루소금   왕소금

▲ 가루소금과 왕소금

으로 계속해서 붙어 있는데 반해 물은 수소 원자 2개, 산소 원자 1개로 구성되어 있어.

염화나트륨은 나트륨 양이온 옆에 반대 전하인 음이온이 서로 번갈아 가며 많이 배열되면 커다란 소금이 되는 것이고, 이온의 수가 적으면 가루소금이 되는 거야. 크든 작든 염화나트륨의 짠맛 특성은 달라지지 않아.

물을 생각해 볼까? 물 분자는 수소 원자 2개와 산소 원자 1개, 과산화수소는 수소 원자 2개와 산소 원자 2개로 이루어져 있어. 산소 원자 1개의 차이지만 물과 과산화수소 각 물질의 특성은 매우 다르지. 공유 결합 물질들은 특정한 몇 개의 원자가 특정한 개수로 모여 물질의 특성을 나타내게 되는데 이 최소 단위를 '분자' 라고 하는 거야. 물도 설탕도 이산화탄소도 모두 분자라 하지. 그러나 염화나트

내가 없으면 사람은 탈수로 죽음에 이를 수도 있어. 흥!

난 균을 죽일 수도 있다구. 넌 못하잖아.

칫~

튀자!

물   과산화수소

룸과 같이 이온 결합에 의해 만들어진 물질은 이온의 개수가 물질의 특성을 결정하지는 않아. 그러니 모든 물질은 분자로 이루어져 있다는 말은 잘못된 것임을 알겠지.

물질도 간단히 나타내는 방법이 있나요?

앞에서 원소를 나타내는 방법을 배웠지? 그리고 금속과 비금속 원소가 만나면 이온 결합, 비금속 원소들이 만나면 공유 결합이라 하고, 공유 결합에 의해 분자들이 형성된다고 했지.

염화나트륨은 나트륨 이온과 염화 이온으로 되어 있으니 양이온을 앞에, 음이온을 뒤에 원소 기호를 쓰고 중성이 되도록 양이온과 음이온의 전하 비율을 맞추어 NaCl로 나타내. 이렇게 나타내는 것을 화학식이라고 해.

공유 결합 물질은 분자식으로 나타내는데 분자식은 원소 기호를 쓰고 각 원소 기호의 오른쪽 아래에 원자의 개수를 쓴단다. 단 원자의 개수가 1이면 생략해. 예를 들어 물은 수소 원자 2개와 산소 원자 1개로 이루어져 있으니 H_2O로 나타내. 몇 가지 물질의 화학식과 분자식은 아래 표를 참고하렴.

염화나트륨 NaCl	염화칼슘 $CaCl_2$	염화마그네슘 $MgCl_2$
산소 O_2	질소 N_2	이산화탄소 CO_2
과산화수소 H_2O_2	에탄올 C_2H_5OH	메탄 CH_4

▲ 분자식과 화학식

금속 결합

순수한 금이나 철, 구리, 알루미늄과 같은 금속들은 각각 한 가지 원소로 되어 있어. 금속 원자의 가장 바깥에 있는 전자들은 핵과 약하게 결합하고 있지. 그래서 금속 원자들은 이 전자를 쉽게 잃어버리고 양이온으로 돼. 양이온 주변에 어떤 특정한 원자에 묶여 있지 않고 마음대로 움직이는 전자를 '자유전자'라고 하고 금속 양이온이 강하게 결합할 수 있는 중요한 역할을 해. 이렇게 금속 양이온과 자유전자 사이의 결합을 '금속 결합'이라고 하지.

금속에 전압을 걸어 주거나 열을 주면 자유전자들이 (+)극으로 이동하고, 열에너지를 잘 전달하므로 금속은 높은 열전도도와 전기전도도를 나타내.

금속은 금박이나 알루미늄 호일처럼 얇게 펼 수 있는 퍼짐성과, 철사 줄처럼 가늘게 뽑을 수 있는 뽑힘성이 있는데, 이는 외부에서 힘을 주어도 자유전자가 금속 양이온 사이를 자유롭게 움직일 수 있기 때문에 금속 결합이 파괴되지 않아 가능한 거야.

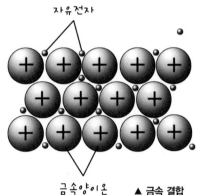

▲ 금속 결합

① 퍼짐성과 뽑힘성

힘　　밀리는 면

② 전기의 도체

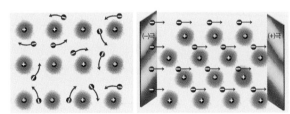

전류가 흐르지 않을 때　　전류가 흐를 때

◀ 금속 결합 물질의 특징

이온 결합과 공유 결합

	이온 결합	공유 결합
원소의 종류	금속 원소와 비금속 원소	비금속 원소와 비금속 원소
결합하는 힘	양이온과 음이온의 인력	전자쌍을 공유
물질 형성	이온들이 규칙적으로 배열되어 물질 형성 ● Na^+ ○ Cl^- (예) 소금	원자들이 공유 결합하여 형성된 분자들이 규칙적으로 모여 물질 형성 ○ O ● C (예) 드라이아이스(이산화탄소 고체)
물질의 상태	이온 결합이 강해 상온(25℃)에서 고체로 존재한다.	원자 간 공유 결합은 강하나 분자 간의 힘이 약해 상온(25℃)에서 액체나 기체로 존재한다.
예	염화칼슘 $CaCl_2$ 염화마그네슘 $MgCl_2$	산소 O_2 에탄올 C_2H_5OH

3 chapter

수많은 물질,
끊임없이 변화하다

한송희, 문지의

10년이면 강산이 변하는 이유는?

오늘의 나는 어제의 내가 아니라고요

모든 물질은 항상 변하고 있다고? 화단에 놓여 있는 돌, 집 안에 놓여 있는 여러 물건들은 시간이 지나도 그 모습이 변함없는데 어떻게 모든 물질이 변한다고 할 수 있지? 하루, 한 달, 1년 정도의 시간이 흘렀어도 물질의 변화를 알아차리지 못하는 경우가 있으니 그렇게 이야기하는 것도 무리는 아니지. 그런데 10년이면 강산도 변한다는 이야기 속에서 처음 그대로인 것처럼 보이는 물질도 오랜 시간이 지나면 변한다는 사실을 추측해 낼 수 있어.

물질이 계속 변화하고 있다는 사실을 여러 곳에서 찾을 수 있지. 우선 우리 몸만 해도 그래. 여러 가지 식품을 요리한 음식을 먹는다고 생각해 봐. 음식을 이루는 물질이 입·위·소장·대장을 지나면서 소화*되어 완전히 다른 형태의 영양소*로 되잖아. 또 우리 몸 세포 속으로 이동한 영양소는 에너지를 발생시키면서 물과 이산화탄소로 변하거나 우리 몸을 이루는 물질로 변하지. 식품을 요리하는 것 역시 물질을 변화시키는 행동이기도 하고 말이야.

그러니 생물을 이루는 물질과 무생물을 이루는 물질은 모두 생물체 내에서 일어나는 여러 작용, 자연 환경에서 일어나는 작용, 사람의 작업 등에 의하여 항상 변한다고 할 수 있어. 이렇게 계속되는

소화
음식물을 체내에서 흡수할 수 있게 분해하는 과정.

영양소
생명을 유지하는 데 필요한 성분.

물질 변화는 생물의 생로병사*현상으로 나타나기도 하고 강산의 변화로 나타나기도 하지.

생로병사
생명체가 태어나고 늙고 병들고 죽는 현상을 일컬음.

물질 변화에는 어떤 종류가 있나요?

돌을 깨거나 나무를 베는 것도 물질 변화에 속할까? 물질의 크기, 모양이 변하는 것도 물질 변화에 속해. 그러나 이러한 물질 변화는 철이 녹으로 변하거나 석유가 타서 이산화탄소, 수증기 등으로 되는 물질 변화와 많이 달라.

우리 생활에서 일어나는 물질 변화의 다른 예를 조금 더 보도록 할까? 물이 얼음이 되거나 끓어서 수증기가 되는 것, 설탕이 물에 녹아 모습이 없어지는 것, 달걀이 열에 의해 굳어지는 것, 음식이 상하는 것, 사과를 깎아 놓았을 때 누렇게 변하는 것, 연필이 부러지거나 지우개가 닳는 것, 종이가 타서 재가 되는 것 등등.

이렇게 많은 변화들을 크게 두 가지로 분류해. 분류 기준이 뭐냐고? 그것은 변화가 일어나기 전과 후의 물질의 성질이 달라졌느냐 달라지지 않았느냐 하는 거야. 모양이나 크기, 상태는 바뀌어도

금이 간 것은 물리 변화.

달걀이 익는 것은 화학 변화.

치이익

원래 물질의 성질이 바뀌지 않는 변화를 '물리 변화'라 하고, 물질의 성질이 바뀌어 다른 물질로 되는 변화를 '화학 변화'라고 하지. 물이 끓어 수증기*가 되거나 얼음이 되는 것, 설탕이 물에 녹는 것, 연필이 부러지거나 지우개가 닳는 것 등은 변화 전과 후의 물질이 같은 물질이니까 물리 변화에 속한다고 할 수 있지.

물은 눈에 보이고 수증기는 모습이 보이지 않으니 서로 다른 물질이 아니냐고? 주전자에 물을 넣고 끓여 본 적 있지? 그때 끓어 올라오던 수증기가 주전자 뚜껑에 닿으면 다시 물로 변하잖아. 그러니 물과 수증기는 상태만 다를 뿐, 같은 분자*로 되어 있는 같은 물질임에 틀림없어.

수증기
수증기는 눈에 보이지 않는 기체다. 흔히 물이 끓을 때 나오는 김을 수증기로 착각하는데 김은 작은 물방울이 모인 것으로 수증기와 다르다.

분자
물질의 성질을 가지는 가장 작은 알갱이.

설탕이 물에 녹는다.

지우개가 닳는다.

물이 수증기가 된다.

물질의 성질이 바뀌었나, 바뀌지 않았나에 따라 이렇게 나눕니다.

사과가 누렇게 변한다.

종이가 탄다.

음식이 상한다.

물리변화

화학변화

물리 변화에 속하는 것에 또 뭐가 있나? 음, 물질이 압력을 받아 부피가 작아지는 것도 물질의 성질은 변하지 않았기 때문에 물리 변화에 속하지.

반면에 달걀이 열에 의해 굳어지는 것[*], 음식이 상하는 것[*], 사과가 누렇게 변하는 것, 종이가 타서 재가 되는 것 등은 변화 전과 후의 물질이 다르므로 화학 변화에 속한다고 할 수 있지.

물질을 변화시키는 원인은 무엇일까요?

물리 변화든 화학 변화든 저절로 일어나지는 않지. 얼음이 물로 되는 것이 저절로 일어나는 것처럼 보이지만 그렇지 않아. 그러면 변화를 일으키는 원인은 무엇일까? 물질 변화를 일으키는 주요한 원인은 열과 압력이야. 열과 압력이 어떻게 물질을 변화시키느냐고? 그것을 설명하려면 분자에 대해 더 많이 알아야 해.

물질이 분자로 이루어져 있다고 한 것을 기억하지? 그런데 물질을 이루는 분자들은 항상 움직이고 있다고 해. 수소 분자의 경우 평균 1초에 1,800미터 정도를 움직인다고 하니 굉장히 빠르지 않니?

달걀이 굳어지는 것
달걀이 굳어지는 것은 액체가 고체로 변하여 물리 변화로 생각하기 쉬우나 달걀 성분인 단백질의 성질이 변하므로 화학 변화에 속한다.

음식이 상하는 것
부패라고도 하며, 음식물이 미생물의 작용으로 악취를 내며 분해되는 현상이다.

분자를 눈으로 볼 수 없는데 분자가 움직이는 것을 어떻게 아느냐고? 네가 방귀를 뀌었다고 생각해 봐. 그 방귀 냄새 분자가 어느 틈엔가 옆 사람, 또 그 옆 사람에게 퍼져 나가 코를 쥐게 하잖아. 또 물에 잉크 한 방울을 조심스럽게 넣고 관찰해 보면 시간이 지남에 따라 잉크가 퍼져 나가 나중에는 물 전체가 잉크 색으로 되잖니? 이렇게 물질이 주변으로 퍼져 나가는 현상은 물질을 이루는 분자들이 움직여서 일어나는 거야.

이와 같이 과학자들은 우리가 보고 느낄 수 있는 현상으로부터 눈으로 볼 수 없는 분자 같은 존재에 대한 여러 정보를 알아낸단다.

물질에 열을 가해 온도가 높아지면 분자의 움직임이 빨라져. 물의 경우 0℃ 가까운 온도에서 물 분자는 1초에 약 600미터를 움직이지만 100℃ 가까운 온도에서는 1초에 약 700미터를 움직인다고 해. 우리도 열 받으면 말이 빨라지고 행동도 빨라지잖아, 흐흐. 물질이 열을 받아 온도가 높아졌다는 것과 물질 분자들의 움직임이

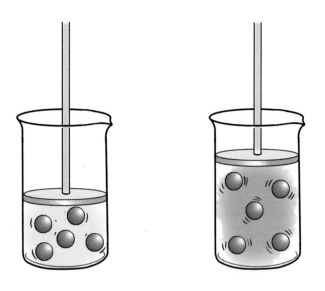

▶ 온도가 낮을 때와 높을 때의 물질의 부피

빨라졌다는 것은 같은 이야기야. 그래서 과학자들은 물질의 온도를 물질 분자들의 평균 빠르기의 척도[*]로 보고 있어. 물질의 온도가 높아졌을 때 분자의 운동이 빨라진 것을 상상할 수 있다면 과학적 상상력 오케이.

척도
판단하는 기준

그럼 이제 열이 물질을 어떻게 변화시키는지 알아볼까? 물질이 열을 받아 온도가 높아져 분자의 움직임이 빨라지면 분자 사이의 공간도 넓어져 물질이 차지하는 부피도 늘어나지. 아! 분자들 사이의 충돌도 많아지겠네. 특히 두 가지 이상의 물질이 섞인 경우 분자가 깨지거나 서로 다른 분자들이 합해지는 커다란 충돌 사고도 일어날 수 있겠지. 물질의 부피가 늘어나는 것, 분자들이 깨지거나 서로 결합하

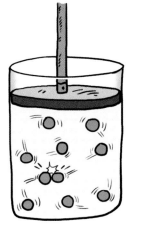

▲ 기체에 압력이 가해지면 분자들 간의 충돌 횟수가 많아진다.

여 다른 물질로 변하는 것 모두 물질 변화이므로 열이야말로 물질 변화를 일으키는 중요한 원인이라 할 수 있겠지.

또 하나의 물질 변화 원인인 압력은 어떨까? 압력은 물질에 작용하는 힘으로 나타내. 더 정확히 말하면 단위 면적[*]당 작용하는 힘의 크기야. 물질에 압력이 가해지면 고체인 경우 쪼개져 물질의 크기가 작아지겠지. 기체인 경우 주사기 속 공기처럼 부피가 줄어들고 그에 따라 분자들 사이의 거리가 좁아지므로 분자들의 충돌이 더 많이 일어나겠지. 물질의 크기가 작아지는 것, 부피가 작아지는 것, 분자의 충돌로 새로운 물질이 생기는 것 모두 물질 변화이므로 압력도 물질 변화를 일으키는 중요한 원인이 될 수 있겠지?

단위 면적
$1cm^2$, $1m^2$와 같이 크기가 1로 표현되는 면적. 예를 들어 5N(뉴턴)의 힘이 $5cm^2$에 작용할 때 압력은 단위 면적인 $1cm^2$에 작용하는 힘의 크기이므로 $5N \div 5cm^2 = 1N/cm^2$가 된다.

분자의 움직임 때문에 일어나는 현상, 브라운 운동

쾌청한 일요일 아침에 늦잠이라도 자려고 하는데 동쪽에 난 커튼 사이로 햇빛이 새어 들어와 잠을 깬 경험이 있지? 한 줄기 햇빛 사이로 방안에 있는 먼지들이 경쾌하게 움직이는 모습도 보았을 거야. 먼지들은 우리 눈으로도 쉽게 볼 수 있는 물질이잖아. 그런데 먼지들은 왜 그렇게 경쾌하게 움직일까?

먼지들이 스스로 움직이기 때문에? 먼지들은 우리가 볼 수 있는 정도로 크기 때문에 분자는 아니야. 보통 무수히 많은 분자들로 이루어진 고체 물질은 스스로 움직이지 못해. 그런데 먼지들이 움직이는 이유는 도대체 뭘까?

그 이유는 바로 먼지들을 둘러싸고 있는 공기 분자들이 움직이기 때문이야. 먼지를 둘러싼 수많은 공기 분자들은 여러 방향에서 움직여 오다가 먼지와 충돌하게 되지. 이 충돌에 의해서 먼지들은 제멋대로 움직일 수 있게 된 거야.

뭐라고? 먼지가 움직이는 걸 못 봤다고? 그럼 담배 피우는 사람들이 담배 연기를 내뿜을 때 담배 연기를 관찰해 봐. 처음에는 사람 입김의 힘 때문에 연기는 직선으로 나가지만 조금 시간이 지나면 옆으로 퍼지는 모습을 볼 수

있을 거야. 그 이유는 먼지의 경우처럼 연기 알갱이 주변 공기 분자들의 움직임 때문에 연기들이 제멋대로 움직이기 때문이야. 또 봄에 빗물이 고인 곳에 꽃가루가 떠다니는 모습도 볼 수 있는데 이렇게 꽃가루가 움직이는 것도 물 분자들이 움직여서 생기는 현상이지.

이러한 고체들의 불규칙한 운동을 1827년 스코틀랜드의 로버트 브라운Brown, Robert 1773~1858이 발견했기 때문에 브라운 운동이라고 이름 붙인 거야. 브라운 운동은 먼지나 담배 연기 같은 큰 입자들의 불규칙한 움직임의 원인을 찾는 과정에서 눈에 보이지 않는 분자들이 움직이는 것을 확인했다는 데에 커다란 의미가 있지

물질의 변화

물질이 열과 압력을 받으면 변화가 일어나는데 성질이 다른 물질로 변하지 않으면
물리 변화, 성질이 다른 물질로 변하면 화학 변화이다.

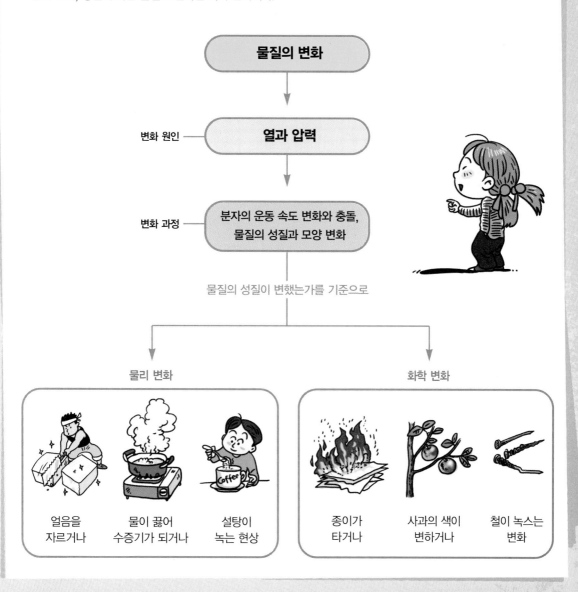

물질의 변화

변화 원인 — 열과 압력

변화 과정 — 분자의 운동 속도 변화와 충돌,
물질의 성질과 모양 변화

물질의 성질이 변했는가를 기준으로

물리 변화

얼음을
자르거나

물이 끓어
수증기가 되거나

설탕이
녹는 현상

화학 변화

종이가
타거나

사과의 색이
변하거나

철이 녹스는
변화

02

Science

물리 변화의 예에는 어떤 것이 있나요?

물이 모습을 바꾸는 물리 변화의 원인은 무엇일까요?

여름이면 개울물에 발을 담글 수 있지. 그런데 추운 겨울이 되면 딱딱하게 얼어서 발은 담글 수 없고 대신 그 위에서 스케이트를 타거나 썰매를 탈 수 있게 돼. 또 물을 가스 불에 올려놓고 가열하면 끓어서 자유롭게 공기 중으로 날아가 버리는 수증기로 돼.

얼음처럼 힘을 줘도 그 모습을 바꾸지 않는 단단한 물질을 고체, 물처럼 잘 흐르고 그릇에 담으면 그릇에 따라 모양이 바뀌는 물질을 액체, 수증기처럼 자유롭게 움직일 수 있는 물질을 기체라고 하지. 고체, 액체, 기체를 물질의 3가지 상태라고 불러.

물, 얼음, 수증기는 같은 물질인데 왜 상태가 다를까? 그 이유는 분자의 배열로 설명할 수 있어. 아래 그림처럼 고체 속 물 분자들은 규칙적으로 빽빽하게 배열되어 제자리에서 진동하는 운동만 해. 또 액체 속 물 분자들은 고체보다 흐트러져 있어 분자들이 서로 자리

▶ **기체, 액체, 고체의 분자 배열**
고체 고체는 모양, 부피가 쉽게 바뀌지 않는다.
액체 액체는 모양은 쉽게 바뀌지만 부피는 쉽게 바뀌지 않는다.
기체 기체는 모양, 부피가 모두 쉽게 바뀐다.

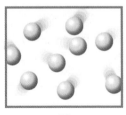

기체

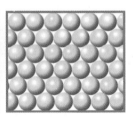

액체   고체

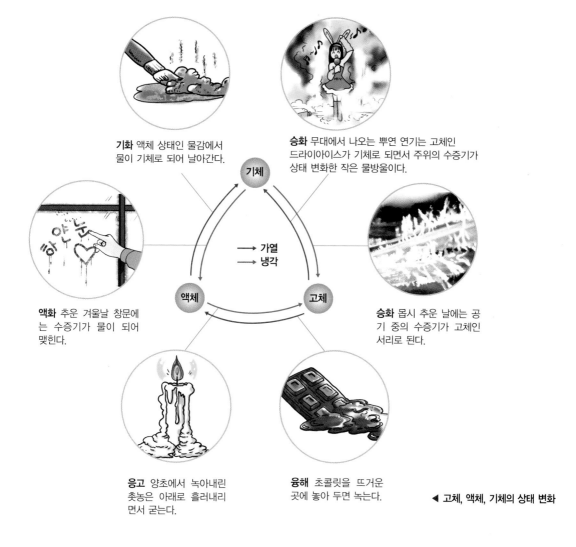

기화 액체 상태인 물감에서 물이 기체로 되어 날아간다.

승화 무대에서 나오는 뿌연 연기는 고체인 드라이아이스가 기체로 되면서 주위의 수증기가 상태 변화한 작은 물방울이다.

액화 추운 겨울날 창문에는 수증기가 물이 되어 맺힌다.

승화 몹시 추운 날에는 공기 중의 수증기가 고체인 서리로 된다.

응고 양초에서 녹아내린 촛농은 아래로 흘러내리면서 굳는다.

융해 초콜릿을 뜨거운 곳에 놓아 두면 녹는다.

◀ **고체, 액체, 기체의 상태 변화**

를 바꾸는 운동도 가능해. 그런데 기체는 분자들이 서로 멀리 떨어져 있어 자유롭게 움직이는 운동을 하지.

물질의 상태를 결정하는 것은 열이야. 열을 받거나 내보내면 온도가 바뀌고 고체, 액체, 기체의 상태가 바뀌지. 그런데 물질이 상태 변화할 때 왜 열이 필요할까? 물질에 열이 출입해야 분자 운동

빠르기가 달라지고 그에 따라 물질의 상태가 바뀌기 때문이야. 즉 물질이 열을 받는 경우 분자 운동이 빨라지고 온도가 높아져. 분자 운동이 계속 빨라지면 분자와 분자 사이에 작용하는 인력*이 끊어지는 온도에 도달하는데 이때 분자들은 이전보다 훨씬 자유롭게 돼. 그리고 물질은 좀 더 부드러운 상태로 변하는 거지.

인력
분자끼리 혹은 물체끼리 서로 잡아당기는 힘. 끄는 힘이라고도 한다.

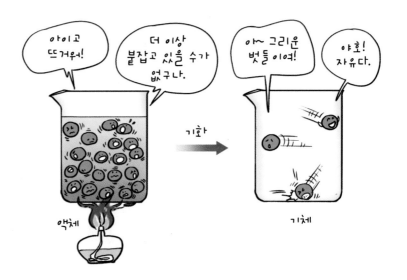

반대로 물질이 열을 빼앗기는 경우 분자 운동이 느려지고 온도도 낮아져. 그러면서 서로 모여 인력이 작용하게 되면 분자들은 이전보다 움직임이 훨씬 둔해지고 물질의 상태는 변하는 거지. 이해가 잘 안 된다고? 분자를 사람에 비유해 볼까? 사람들이 모여 있을 때 열이 가해져 더워지면 참지 못하고 서로 떨어지잖아. 또 열을 빼앗겨 추워지면 떨어져 있던 사람들이 옹기종기 모이잖아.

물 이외의 물질도 상태 변화가 이루어지나요?

얼음이 열을 받아 온도가 0℃로 되면 물로 바뀌지. 얼음의 녹는점이

0℃이기 때문이야. 한편 물이 열을 받아 100℃가 되면 기체인 수증기로 변하므로 100℃를 물의 끓는점이라 할 수 있지. 일상생활에서 물의 상태 변화는 어디에서나 쉽게 관찰할 수 있어. 그런데 물만 이렇게 상태를 바꿀까? 아니야. 다른 물질들도 상태를 바꿀 수 있어. 그러나 물에 비해 녹는점, 끓는점이 너무 높거나 낮아서 상태를 바꾸는 모습을 쉽게 볼 수 없을 뿐이야.

   금은 현재 온도에서 고체 상태이기 때문에 우리가 반지를 만들어 낄 수 있어. 그런데 금도 열을 가해 온도가 1,064℃가 되면 액체로 변해. 금세공 기사들은 액체 금을 틀에 부어 굳혀 다양한 모양의 금 장신구를 만들지. 또 오랫동안 금을 세공*하던 곳의 천장 위에 달라붙어 있는 금을 발견했다는 이야기도 있어. 금이 어떻게 천장에서 발견되었느냐고? 그것은 금이 가열되어 끓는점에 도달하여 기체 금으로 변하게 되는데 이게 천장까지 올라갔던 거야. 금도 기체가 될 수 있다는 것을 증명하는 이야기지. 마찬가지로 산소나 질소도 온도를 아주 낮추어 주면 액체 상태, 고체 상태로 변한단다. 냉동 인간*을

금세공
금을 재료로 손으로 작은 물건을 정밀하게 만드는 작업.

냉동 인간
현대 의학에서 치료가 불가능한 병을 앓거나 나이가 많아 사망을 앞에 둔 사람들을 산 채로 얼려 놓은 것.

현재 온도(25℃)

	녹는점 -218℃	**끓는점 -183℃**		
산소	고체	액체	기 체	

			녹는점 1535℃	**끓는점 2750℃**
철	고 체		액체	기체

	녹는점 0℃	**끓는점 100℃**	
물	고체	액 체	기체

현재 온도에서 산소는 기체 상태를, 철은 고체 상태를, 물은 액체 상태를 나타낸다. 왜냐하면 산소는 끓는점이 현재 온도보다 낮고, 철은 현재 온도보다 녹는점이 높고, 물은 녹는점이 현재 온도보다 낮고 끓는점이 현재 온도보다 높기 때문이다.

만들 때 액체 질소를 이용한다는 이야기 들어 보았지?

이와 같이 모든 물질은 열이 출입하면 상태를 바꾸는 물리 변화를 일으키지. 그러나 녹는점, 끓는점이 물질마다 모두 다르므로 일상 온도25℃에서 물질마다 상태가 다른 거야. 산소는 녹는점-218℃, 끓는점-183℃이 모두 25℃보다 낮아 기체로 존재하고 철은 녹는점 1,535℃이 25℃보다 높아 고체로 존재하는 거지.

열 이외에 물질의 상태를 변화시키는 원인이 또 있나요?

열이 물질의 상태를 바꾸는 유일한 원인은 아니야. 물질에 압력을 가해도 상태가 변하는 것을 볼 수 있지. 라이터 속 부탄*가스가 액체 상태로 들어 있는 걸 본 적 있지? 부탄가스의 끓는점은 일상 온도보다 낮아 기체 상태여야 하는데 어떻게 액체 상태일까? 그것은 높은 압력을 가해서 액체 상태로 만들었기 때문이야. 또 스케이트장에 가서 스케이트를 신고 얼음 위를 지나면 날이 지나간 부분의 얼음이 액체인 물로 바뀌는 것을 볼 수 있어. 이것은 스케이트 날의 큰 압력이 고체 상태를 순간적으로 액체 상태로 바꿔 버린 거야. 김연아가 부드럽게 스케이팅을 할 수 있는 것도 스케이트 날 아래쪽 얼음이 물로 변해 마찰력이 적어졌기 때문이지. 만약 거친 바위 위라면 아무리 김연아라도 그렇게 부드러운 스케이팅을 할 수는 없을 거야.

물질의 부피 변화는 압력에 따라 어떻게 될까요?

고체나 액체 상태의 물질은 압력을 크게 가해도 부피가 거의 변하지 않아. 그러면 기체 상태의 물질은 어떨까? 주사기에 공기를 넣고 피스톤을 누르면 공기의 부피가 줄어들고, 피스톤을 잡아당기면 공기의 부피가 늘어나는 모습을 쉽게 볼 수 있지. 헬륨 풍선을 들고

부탄
일상 온도에서 타기 쉬운, 색과 냄새가 없는 기체. 끓는점은 0.6℃이다.

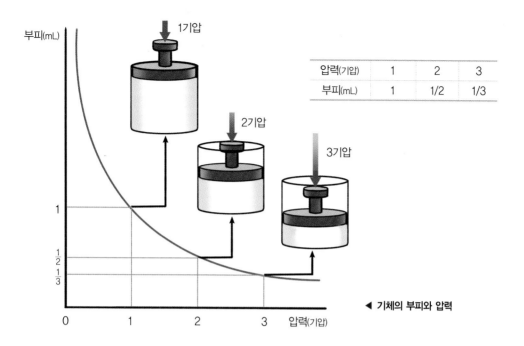

압력(기압)	1	2	3
부피(mL)	1	1/2	1/3

부피(mL)

1기압

2기압

3기압

1

1/2
1/3

0   1   2   3   압력(기압)

◀ 기체의 부피와 압력

있다가 놓치면 물론 위로 올라가겠지. 그런데 풍선이 위로 올라갈수록 풍선의 부피가 점점 커지다가 풍선이 터져 버려. 그 이유는 위로 올라갈수록 주위의 압력인 공기의 압력이 낮아지기 때문이야. 이와 같이 기체 상태의 물질에 작용하는 압력이 달라지면 부피가 변하는 물리 변화를 볼 수 있어.

신기한 것은 지구에 존재하는 모든 종류의 기체에 같은 압력을 가하면 부피가 변하는 정도가 같다는 사실이야. 그런데 압력에 따라 부피가 어떻게 되느냐고?

위 그림을 보면 알 수 있어. 압력이 2배, 3배, 4배가 되면 부피는 1/2, 1/3, 1/4로 줄어드는 것을 알 수 있지. 이와 같이 변수* 중 한쪽이 2배, 3배로 늘어날 때 다른 한쪽은 그 역수*로 줄어드는 관계를 '반비례 관계'라고 하므로 기체 물질에 가해지는 압력과 기체의 부피 사이에는 반비례 관계가 성립한다고 할 수 있지. 이와 같은 기체

변수
어떤 관계에 있어서 특정 범위 안의 임의의 수 값으로 변할 수 있는 수. 여기에서는 압력과 부피가 변수에 해당한다.

역수
어떤 수로 1을 나누어 얻은 몫을 그 어떤 수에 대하여 일컬음. 3의 역수는 1/3이고, 5의 역수는 1/5이 된다.

의 압력과 부피 사이의 관계를 1662년 영국의 과학자 보일_{Boyle,} Robert 1627~1691이 처음으로 밝혀내었으므로 '보일의 법칙'이라고도 하지.

물질의 부피 변화는 온도에 따라 어떻게 될까요?

전신주
전봇대라고도 하고 전선이나 통신선을 늘여 매기 위해 세운 기둥.

건물 밖 전신주*에 매여 있는 전깃줄이 더운 여름에는 늘어져 있지만 추운 겨울에는 팽팽해지지. 또 온도계 속 알코올이나 액체 수은은 열을 가해 온도가 높아질수록 온도계 기둥 위로 점점 올라오는 것을 볼 수 있어.

▲ 더운 여름의 전깃줄은 늘어진다.　　▲ 추운 겨울의 전깃줄은 팽팽하다.

밖에 나오니 풍선이 작아졌다.

이와 같은 예에서 보듯이 물질이 열을 받아 온도가 올라가면 물질의 부피가 늘어나는 물리 변화가 일어나. 그런데 물질이 같은 온도만큼 변할 때 고체, 액체 상태일때보다 기체 상태일 때 부피가 가장 많이 늘어난단다. 겨울철에 실내에서 팽팽했던 풍선을 차가운 실외로 가지고 나갔을 때 풍선이

쭈글쭈글해질 정도로 부피 변화가 심한 것을 봐도 알 수 있지.

그런데 기체의 종류는 많잖아? 기체의 종류에 따라 온도가 올라가면 부피가 늘어나는 정도가 다르지 않을까? 아니야. 신기하게도 수소·산소·이산화탄소·암모니아* 등 기체의 종류에 관계없이 온도가 올라감에 따라 부피가 늘어나고, 또 온도에 따라 늘어나는 정도가 같다는 거야. 또한 온도가 273℃가 되면 모든 기체의 부피는 0℃때의 2배가 되고 546℃가 되면 3배가 된다고 해. 이렇게 두 변수 중한쪽이 커지면 다른 한쪽도 일정한 비율로 커지는 관계를 '비례 관계'라고 하는데 기체의 온도와 부피 사이에는 비례 관계가 성립한다고 할 수 있지. 이와 같은 기체의 온도와 부피 사이의 관계를 1787년 프랑스의 과학자 샤를이 처음으로 밝혀내었으므로 '샤를charles 1746~1823의 법칙' 이라고도 하지.

왜 온도가 높아지면 부피가 늘어날까? 그것은 기체 분자들이 매우 활발하게 움직이고 있는데 온도가 높아지면 움직임이 더욱 빨라지고 분자들이 차지하는 공간이 커지기 때문이야. 그러면 액체, 고체도 물질의 종류에 관계없이 부피가 늘어나는 정도가 같을까? 아니야, 종류마다 달라. 그건 다음에 이야기해 줄게.

암모니아
수소와 질소의 화합물. 자극성 냄새가 나는 무색의 기체로 물에 잘 녹는다.

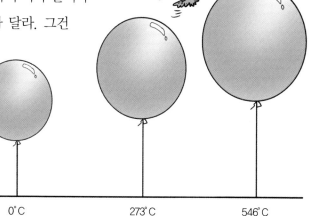

0˚C   273˚C   546˚C

열기구는 어떻게 마음대로 뜨기도 하고 내려오기도 할까요?

가끔 여행 안내지를 보면 열기구 타는 이벤트가 실려 있는 것을 볼 수 있어. 열기구의 구조는 입구가 밑으로 열린 아주 커다란 풍선 형태의 주머니, 풍선 속 공기를 가열하기 위한 버너, 사람이 탈 수 있는 바구니로 되어 있지.

열기구가 뜨기 위해서는 주머니에 공기를 넣은 후 그 공기를 가열 도구로 온도를 높여야 해. 온도를 높이면 주머니 속 공기 분자들의 움직임이 빨라지고 분자들 사이의 거리가 넓어져 부피가 커져. 부피가 커지면 일부 공기가 밖으로 빠져나가고 주머니 속 공기의 밀도는 처음보다 낮아지게 되지. 그렇게 되면 주머니 안의 공기의 밀도가 작기 때문에 주머니는 위로 뜨게 되는 거야. 왜 뜨느냐고? 예전에 밀도가 작은 물질은 밀도가 큰 물질보다 위로 올라간다는 것을 배웠잖아.

위로 올라간 열기구가 다시 밑으로 내려오려면 공기의 가열을 멈추면 되지. 그러면 주머니 속 공기의 밀도는 주위 공기와 같아지니까 바구니의 무게로 밑으로 내려오게 되지.

열기구는 1783년 프랑스의 몽골피에 형제가 최초로 띄워 비행에 성공하였다고 해.

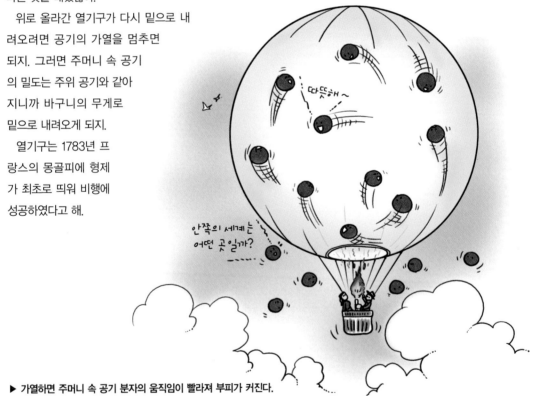

따뜻해~

안쪽의 세계는 어떤 곳일까?

▶ 가열하면 주머니 속 공기 분자의 움직임이 빨라져 부피가 커진다.

물리 변화

물질의 변화 중 변화 전후의 물질의 성질이 변하지 않는 변화로 물질이 열과 압력을 받을 때 일어난다.
종류에는 부피 변화, 상태 변화 등이 있다.

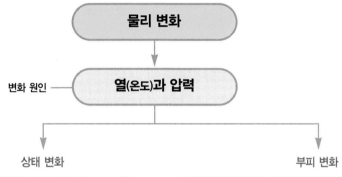

변화 원인 — 열(온도)과 압력

상태 변화

부피 변화

물질의 녹는점, 끓는점에 따라
고체, 액체, 기체로 상태가 달라진다.

기체는 종류에 관계없이 온도가 높아지면 부피가
일정하게 증가하고, 압력이 높아지면 부피가 감소한다.

03 화학 변화의 예에는 어떤 것이 있나요?

구리가 은이 되는 사연은?

왜 봄에서 여름으로 계절이 바뀌면 연한 연두색 잎이 짙은 초록색으로, 찬바람이 불면 울긋불긋한 색으로 변화하는 걸까? 왜 설탕을 녹이고 소다 가루를 넣으면 부풀어 올라 달고나가 만들어지는 걸까? 왜 은 목걸이는 시간이 지나면 광택이 사라지는 걸까?

달고나를 만드는 과정을 한번 되짚어 볼게. 백설탕에 열을 가하면 무색에서 갈색으로 변하고, 소다*를 넣으면 하얗게 부풀어 오르지. 색이 변화하는 것은 설탕이 더 단 향을 내는 새로운 물질로 변화되었음을, 소다는 기체를 만들어 내면서 다른 물질로 바뀌었음을 알려 주는 거야. 이렇게 물질의 성질이 달라지는 물질 변화를 '화학 변화'라고 한다고 했지. 즉 물질들이 본래의 성질을 잃어버리고 새로운 물질로 변화되는 것을 말하지.

화학 변화의 다른 예를 들어볼까? 새 자전거는 광택이 나고 보기 좋은데 오랫동안 방치되어 있는 자전거는 여기저기 녹이 슬어 모습이 흉하지. 자전거의 철은 공기 중의 산소와 수분에 의해 검고 붉은 녹으로 변화돼. 이렇게 철과 산소, 수분처럼 반응을 일으키는 물질을 '반응물'이라 하고, 녹처럼 반응에 의해 생성되는 새로운 물질을 '생성물'이라고 해. 그리고 반응물이 생성물로 바뀌는 것을 '화학

소다
일명 중조로서 중탄산나트륨을 뜻함. 가열하면 이산화탄소가 발생하므로 베이킹파우더의 원료로 사용됨. 수산화나트륨인 가성소다, 탄산나트륨인 세탁용 소다를 뜻하기도 함.

반응' 이라고 하지.

　이런 화학 반응을 이용하면 연금술사가 아니어도 구리에서 은을 만들어 낼 수 있어. 엄밀히 말하면 구리가 은이 되는 것은 아니고 구리와 질산은이라는 화합물을 이용하면 은과 질산구리를 생성물로 얻을 수 있는 거지.

구리 + 질산은　→　은 + 질산구리

　화학 변화는 반응이 일어날 때 반응물의 화학 결합이 끊어지고 재배열되면서 새로운 물질이 만들어지게 되는 거야. 그렇다고 무에서 유가 생기는 것도 아니고 원자들이 쪼개지는 것도 아니야.
　화학 변화에는 어떤 것이 있을까? 나뭇잎의 색이 계절에 따라 변

원소도 기호로 표현하고, 물질도 분자식과 화학식으로 나타내듯이, 화학 반응도 간단히 표현할 수 있다. 화학 반응을 화학식과 기호로 나타내는 것을 '화학 반응식'이라고 한다.

1. 반응 물질의 화학식은 왼쪽에, 생성 물질의 화학식은 오른쪽에 쓰고 화살표로 나타낸다. 반응물과 생성물이 많으면 각각 +를 사용하여 나타낸다.

$$\text{예) 수소 + 산소} \rightarrow \text{물}$$
$$H_2 + O_2 \rightarrow H_2O$$

2. 화학 반응이 일어날 때 원자가 소멸되거나 생성되지 않으니 반응 물질과 생성 물질의 원소의 종류와 원자 수를 맞추기 위해 분자의 수계수를 설정한다.

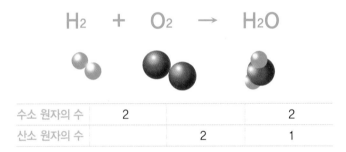

$$H_2 + O_2 \rightarrow H_2O$$

수소 원자의 수	2	2
산소 원자의 수	2	1

생성물의 물 분자의 수를 2배로 하고, 반응물의 수소 분자의 수도 2배를 하면

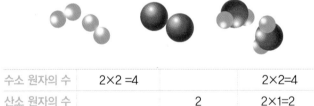

수소 원자의 수	2×2 =4	2×2=4
산소 원자의 수	2	2×1=2

3. 완성된 화학 반응식

$$2H_2 + O_2 \rightarrow 2H_2O$$

하는 것, 석회수 용액에 이산화탄소를 넣으면 맑은 용액에서 뿌옇게 앙금이 생성되는 것, 달걀 껍질과 식초의 반응 때 기체가 생성되는 것 등이 모두 화학 변화에 속해. 또 물질이 탈 때 빛과 열의 발생 등의 변화가 있을 때도 화학 변화가 일어났다고 보면 돼.

화학 변화의 종류에는 어떤 것이 있을까요?

화학 반응의 종류는 크게 화합, 분해, 치환, 복분해가 있어. 말 뜻 그대로 두 가지 이상의 반응물들이 모여 새로운 하나의 물질이 만들어지면 '화합'이야. 예를 들어 철과 같은 금속이 오랜 시간이 지나면 광택을 잃게 되는데 그건 철과 산소가 만나서 산화철을 만들기 때문이야. 또 몸에 포도당이 남으면 간에 글리코겐* 형태로 저장한다고 한 거 기억나니? 수많은 포도당이 모여 기다란 글리코겐 분자를 만들어 내는 거야.

글리코겐
녹말과 같은 포도당으로 이루어진 다당류. 인체에서 포도당을 필요로 할 때 빨리 분해되어 제공됨.

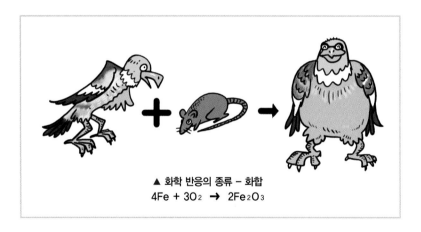

▲ 화학 반응의 종류 – 화합
$4Fe + 3O_2 \rightarrow 2Fe_2O_3$

화합과 반대로 한 가지 반응물이 두 가지 이상의 생성물을 만들어 내면 '분해'라고 해. 과산화수소수를 상처가 난 곳에 바르면 하얗게 거품*이 생기지? 과산화수소가 분해되면서 산소 기체와 물이 만들어지기 때문이야. 또 우리가 음식물을 먹으면 단백질, 지방, 녹

과산화수소수의 거품
과산화수소수를 상처가 난 곳에 바르면 혈액 속에 있는 카탈라아제라는 효소에 의해 분해 반응이 촉진되어 산소 기체가 빨리 생성됨.

말이 각각 작은 분자들인 아미노산, 지방산과 글리세롤, 포도당으로 나누어지는 것도 분해야. 체내에서 일어나는 반응이기 때문에 효소가 작용하고 여러 단계로 일어나기는 하지만 말이야.

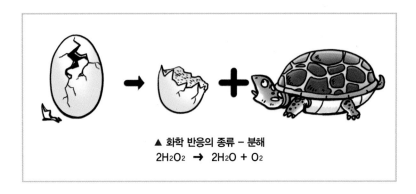

▲ 화학 반응의 종류 – 분해
$$2H_2O_2 \rightarrow 2H_2O + O_2$$

아연 조각을 사포로 문질러 묽은 염산에 담그면 보글보글 기체가 생겨. 이 기체는 수소인데 아연 조각이 염산의 수소를 밀어내고 자리를 차지하는 거야. 아연과 수소의 자리바꿈이 일어나게 되는데 이것을 '치환'이라고 해.

▲ 화학 반응의 종류 – 치환
$$Zn + 2HCl \rightarrow ZnCl_2 + H_2$$

두 가지 이상의 화합물의 성분 원소들이 각각 나뉘어 서로 짝 바꿈을 하면 '복분해'라고 해. 무색의 질산납 수용액과 요오드화칼륨 수용액을 섞어 주면 노란색의 앙금이 생기는 반응이 여기에 속해.

▲ 화학 반응의 종류 – 복분해
$Pb(NO_3)_2 + 2KI \rightarrow PbI_2 + 2KNO_3$

그럼 앞에서 새롬이가 구리와 질산은을 반응시켜 은과 질산구리를 만드는 반응은 화학 반응의 종류 중 어디에 속할까?

자발적 반응

과산화수소는 분해되어 산소 기체를, 탄산수소나트륨소다의 주성분은 분해되어 이산화탄소 기체를 만들어. 두 반응 모두 분해라는 공통점이 있지만 과산화수소는 저절로 분해되어 산소 기체를 발생하고, 탄산수소나트륨은 열을 가해 주어야만 분해 반응이 진행돼. 이런 차이가 생기는 이유는 무엇일까?

반응이 외부의 영향 없이 저절로 일어나는 반응을 '자발적 반응'이라고 해. 온도가 높은 곳에서 낮은 곳으로 열이 이동하듯이 반응물보다 생성물의 에너지가 적은 쪽으로 자연스럽게 반응이 일어나지. 과산화수소의 분해 반응은 반응물보다 생성물의 에너지가 더 낮아지는 반응이어서 저절로 일어나지.

또 다른 요인은 '무질서도'라고 하는 거야. 잘 정리 정돈되어 있던 책상과 방도 사용하다 보면 자연스럽게 어질러지게 돼. 저절로 책상과 방이 정리가 되지는 않아. 가끔 엄마의 꾸중에 청소와 정리를 하게 되지. 이처럼 자연계의 반응은 무질서도가 증가하는 방향으로 진행해.

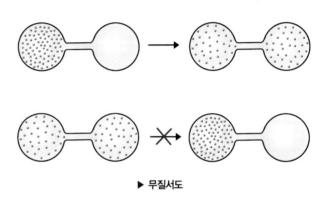

▶ 무질서도

소금을 물에 녹이는 일이 어렵니? 경험으로 그렇지 않다는 것을 알지. 소금이 물에 녹을 때는 열을 필요로 하는 반응이지만 쉽게 일어나. 그 이유는 소금 입자는 이온들이 규칙적으로 배열되어 질서 정연하지만, 물에 녹으면 훨씬 자유롭게 움직이는 무질서한 상태로 되기 때문이야.

결국 반응은 반응물보다 생성물의 에너지가 낮아지고 무질서도가 증가한다면 자발적으로 진행되는 거야. 그렇지 않은 경우에는 반응 전후에 에너지 변화와 무질서도의 힘겨루기에 따라 반응의 방향이 결정되겠지.

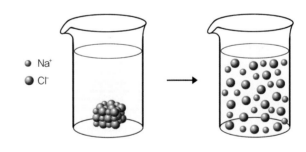

● Na^+
● Cl^-

▶ 소금의 용해 과정

화학 변화의 다양한 예

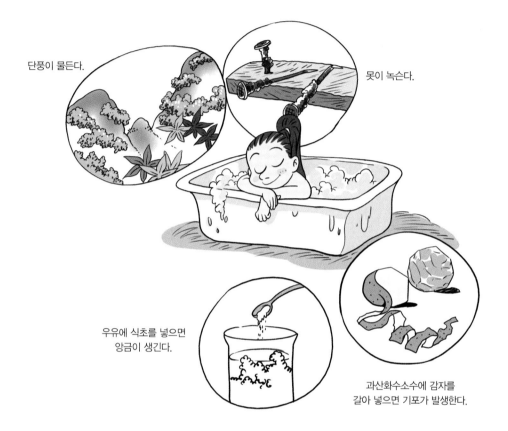

단풍이 물든다.

못이 녹슨다.

우유에 식초를 넣으면
앙금이 생긴다.

과산화수소수에 감자를
갈아 넣으면 기포가 발생한다.

달걀 껍질에 식초를 떨어뜨리면
기체가 발생한다.

도시가스의 연소 반응

불꽃놀이

그 많은 물질 변화에도 규칙성이 있을까요?

산소 기체와 수소 기체가 반응하여 물이 되면 무거워지나요?

돌턴의 원자설이 나온 것은 '실험법칙'에 근거한 거야. 18세기에 물을 분해해서 4원소설을 무너뜨린 과학자 기억나? 그래, 라부아지에. 이 과학자는 화학의 아버지라 불리는데 물을 분해한 것뿐만 아니라 물질이 타는 것에 대해 옛날 사람들의 생각을 무너뜨리고 새로운 연소설을 확립했어. 또 화학 반응 전후에 질량이 보존된다는 사실을 밝힌 사람이야.

옛날 사람들은 물질이 타는 것은 물질 내부에 플로지스톤이라고 하는 극히 미세한 입자가 있는데 이것이 빠져나가는 과정으로 생각했어. 그래서 타고 나면 가벼워진다고 생각했지.

나무토막은 묵직하지만 타고 나면 재만 남잖아. 나무는 플로지스톤을 많이 가지고 있어서 매우 잘 타는 거라 생각했던 거야. 당시에는 연소하면서 빠져나가는 이산화탄소나 수증기를 알지 못했던 거지. 그러나 금속이 연소할 때는 질량이 증가하거든. 플로지스톤 연소설을 지지하는 사람들은 금속의 연소를 설명할 수가 없었어.

라부아지에는 둥근 유리관 안에 수은을 넣고 태양 빛을 이용해 태울 때, 수은이 타서 생성된 수은 재의 질량 증가분이 실험 후 유리관으로 유입되는 공기의 질량과 항상 일치함을 밝혀내. 즉 연소는

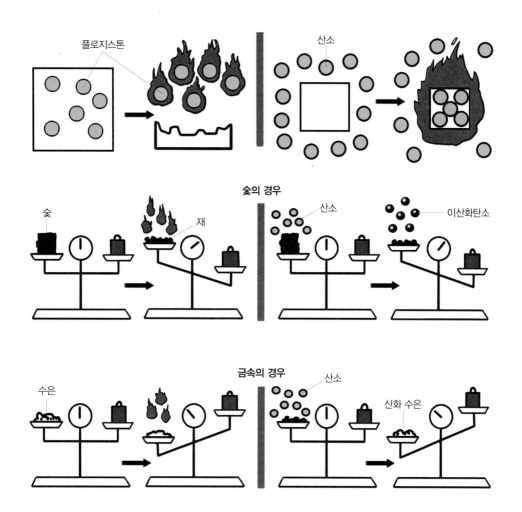

플로지스톤설에 의한 연소의 설명　　　라부아지에에 의한 연소 이론

플로지스톤　　　　　산소

숯의 경우

숯　　재　　　　　　산소　　이산화탄소

금속의 경우

수은　　　　　　　　산소　　산화 수은

▲ 플로지스톤설과 라부아지에설

수은 안에 있는 플로지스톤이 빠져나가는 것이 아니라 '유리관 안
의 공기의 일부와 결합하는 과정'이라는 거야. 그리고 그 공기의 일
부가 산소임을 알았지. 또 이 실험에서 연소 전 수은의 질량과 산소

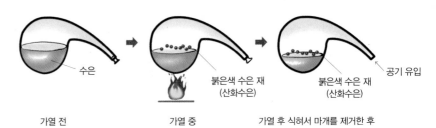

▶ 라부아지에 실험 장치

수은

가열 전

붉은색 수은 재
(산화수은)

가열 중

붉은색 수은 재
(산화수은)

공기 유입

가열 후 식혀서 마개를 제거한 후

의 질량의 합이 연소 후의 수은재의 질량과 같다는 '질량보존의 법칙'을 발견해.

염화나트륨 수용액과 질산은 수용액을 반응시키면 맑은 두 용액에서 흰색 앙금이 만들어져. 앙금이 만들어지면 더 무거워지는 걸까? 반응 전에 두 용액을 저울 위에 얹어 질량을 측정하고, 두 용액을 섞어 앙금이 생성된 후 질량을 측정해 보면 변화가 없어.

화학 반응이 '반응물의 원자들이 재배열하여 생성물을 만드는 과정'임을 배웠으니 반응 전후에 질량이 보존되는 것은 쉽게 이해할 수 있을 거야.

산소 기체와 수소기체가 반응하여 물이 되면 무거워질까? 산소 분자 1개와 수소 분자 2개가 각각 나뉘어져 물 분자를 2개 만드는 것이고, 반응 전과 후의 총 원자 수의 변화가 없으니 질량이 보존되는 거지. 메탄의 연소 반응을 모형으로 나타냈으니 잘 보렴.

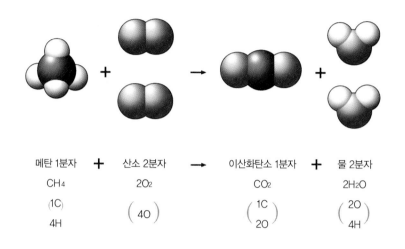

메탄 1분자	+	산소 2분자	→	이산화탄소 1분자	+	물 2분자
CH_4		$2O_2$		CO_2		$2H_2O$
(1C)				1C		2O
4H		(4O)		2O		4H

▲ 질량보존의 법칙 관련 화학 반응식 모형

어떤 물이든 물 안에 들어 있는 수소와 산소의 질량 비율이 같나요?

사람이 다섯 명 있으면 양말도 다섯 켤레가 있어야 짝을 맞출 수 있지. 사람과 양말의 수가 맞지 않으면 양말을 신지 못하는 사람이 생기거나 양말이 남겠지. 화합물을 만들 때도 구성 원소들 사이에 이런 규칙이 있단다.

프루스트는 자연에서 발견된 탄산구리와 인공으로 만든 탄산구리를 가열하여 얻어지는 물과 이산화탄소, 산화구리가 각각의 성분과 질량비가 같음을 알아내고, "화합물을 구성하는 성분의 질량비는 일정하다."는 '일정 성분비의 법칙'을 발견해.

어렵지? 다른 예를 들어 볼게. 내가 숨 쉴 때 나오는 이산화탄소,

일정 성분비 법칙		
수소 +	산소 →	물
1g	8g	9g
10g	80g	90g
1 :	8	

식물의 광합성에서 사용하는 이산화탄소, 탄산음료 속에 들어 있는 이산화탄소, 불을 끄는 데 사용하는 이산화탄소 등은 모두 쓰임새는 다르지만 탄소와 산소로 구성되어 있고, 탄소와 산소의 질량비를 조사해 보면 모두 같다는 거야. 즉 같은 화합물이라면 성분 원소와 성분 원소의 질량비가 같다는 거지.

물 역시 집에 있는 물이나, 학교의 물이나, 저기 멀리 아프리카의 물이나 물은 모두 수소와 산소로 되어 있고 조사해 보면 수소와 산소의 질량비는 1:8로 일정해.

에틸렌
에텐의 관용명. 에텐은 원유로부터 얻어지며 석유 공업에서 매우 중요한 물질이다. 가정에서는 랩으로 사용하는 폴리에틸렌(PE)의 원료가 된다. 자연계에서는 식물 숙성의 호르몬이다. 과일이 성숙할 때 합성된다.

분자량
분자의 상대적 질량으로 분자를 구성하는 원자량의 합이다.

규칙성
이 규칙성을 배수비례의 법칙이라 한다. 두 가지 이상의 원소가 두 가지 이상의 화합물을 만들 때 한 원소에 대해 결합하는 다른 원소들의 사이에 간단한 정수비가 성립한다는 것이 '배수비례의 법칙' 이다.

산소와 수소로 물 이외의 물질을 만들 수 있다고요?

돌턴은 탄소와 수소로 구성된 메탄$_{CH_4}$과 에틸렌*$_{C_2H_4}$의 분자량*을 결정하는 실험을 통해 메탄과 에틸렌의 탄소 일정량에 결합하는 수소의 질량비가 2:1인 것을 알아내. 이 규칙성*에 흥미를 느끼고 다른 물질에서도 이러한 관계가 성립할 거라고 생각했어.

일산화탄소와 이산화탄소는 모두 탄소와 산소로 구성되어 있고 일산화탄소의 탄소와 산소의 질량비는 3:4, 이산화탄소는 3:8이야. 탄소 일정량에 결합한 일산화탄소와 이산화탄소의 산소의 질량비는 4:8, 즉 1:2야.

이것은 일산화탄소에 산소 원자가 1개 있다면, 이산화탄소에는 산소 원자가 2개 있음을 뜻해.

분자에 대해 이야기 했던 거 기억나니? 물질의 특성을 나타내는 최소 단위를 분자라고 한다 했지. 이산화탄소 분자에서 산소 하나를 떼어 내면 결과는 끔찍해지지. 이산화탄소는 물에 녹여 탄산음료로 마시지만, 일산화탄소는 산소보다 혈액 속의 헤모글로빈과 친해서

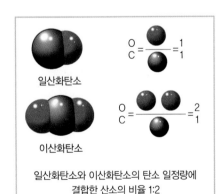

일산화탄소

이산화탄소

일산화탄소와 이산화탄소의 탄소 일정량에 결합한 산소의 비율 1:2

산소를 밀쳐 내고 헤모글로빈*과 결합하려 해. 그러면 온몸에 산소를 공급하지 못해 죽음에 이를 수도 있는 무서운 기체야. 이렇게 같은 원소들로 구성되어 있다 하더라도 결합하는 원자의 개수가 다르면 서로 다른 특성을 갖는 물질이 되는 거야.

물은 수소와 산소로 구성되어 있고 수소와 산소의 질량비는 1:8이야. 수소와 산소로 구성되어 있는 과산화수소의 질량비는 1:16이야. 물은 생명 활동에 꼭 필요한 물질이고, 과산화수소는 살균 작용, 표백 작용을 하는 정말 다른 성질의 화합물이 되는 거야.

헤모글로빈

적혈구에 많이 있고, 생체 내에서 산소를 운반하는 역할을 함. 철과 단백질로 이루어진 고리가 4개 결합하여 헤모글로빈 분자를 형성함. 산소보다 일산화탄소와의 친화력이 200배 좋음.

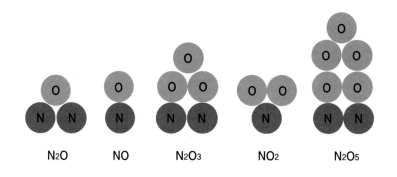

▶ 배수비례의 법칙-질소화합물

N_2O NO N_2O_3 NO_2 N_2O_5

질량비 질소:산소

28:16	14:16	28:48	14:32	28:80

질소 14g에 결합하는 산소의 질량

8g	16g	24g	32g	40g

질소 일정량에 결합하는 산소 원자 수의 비

1	2	3	4	5

돌턴은 질량보존의 법칙과 일정 성분비의 법칙으로부터 눈에 보이지 않던 원자에 대한 생각들을 정리하여 돌턴의 원자설을 만들어 냈어. 돌턴의 원자설을 이용하면 질량보존의 법칙과 일정 성분비의 법칙을 잘 설명할 수 있었지. 특히 배수비례의 법칙은 원자설로만 설명이 가능했기 때문에 원자설을 확고히 뒷받침해 주는 중요한 법칙이야.

라부아지에의 일생

라부아지에는 1743년 프랑스의 부유한 법률가의 아들로 태어나 법과 대학을 졸업하여 변호사가 되었으나 천문학 강의를 들은 후 자연 과학에 흥미를 갖고 과학자가 되려고 결심한 후 과학 연구에 몰두했어. 프랑스 혁명 전에 프랑스에서는 세금을 거두어들이는 일을 조합에서 맡아서 일부는 정부에 납입하고 나머지는 조합이 갖는 제도가 있었는데 1768년 라부아지에는 이 조합의 회원으로서 경영에 관여하여 막대한 부를 축적했다고 해. 여기서 얻은 재산으로 개인 실험실을 꾸미고 실험 도구와 실험 재료를 구입하는 비용으로 사용했대. 조합원들이 세금을 징수하는 과정에서 비리를 저질렀고, 그들의 방탕한 생활은 일반 사람들의 반감과 원망을 받을 수밖에 없었어. 그는 혁명 후에 체포되어 단두대에서 50세를 일기로 생을 마감하게 돼.

그는 1767년 25세 나이에 사람들이 믿고 있었던 4원소설에 의문을 품고, 질량을 측정한 용기에 물을 담고 밀폐시켜 100일 동안 끓였지. 이때 생긴 침전물이 물이 변화되어 흙이 된 것이 아니라 유리의 일부가 떨어져 나온 것임을 확인하고 그리스 시대부터 내려오던 4원소설이 잘못되었음을 밝혀내. 이는 보다 정밀한 저울을 사용하는 일이 과학 연구에 중요한 수단임을 인식하고 있었기 때문에 가능한 것이었어. 또한 물 분해 실험을 통해 물이 산소와 수소로 구성되어 있음을 밝혀 4원소설은 무너지게 됐지.

1782년부터 1783년까지 그는 동물의 호흡도 하나의 연소 과정이고, 연소는 폐에서 일어나며 이때 생긴 열이 몸의 각 부분에 운반되는 것이라고 생각했어. 물론 연소가 폐에서 일어난다는 오류를 범하였지만 호흡을 '음식물과 산소의 연소 현상'으로 파악한 것은 올바른 것이었어. 라부아지에는 플로지스톤설에 의문을 갖고 밀폐된 유리 용기에 금속을 태워 정량적으로 측정함으로써 연소가 공기 중의 산소와 결합하는 과정이라는 연소설을 확립하고 반응 전후에 질량이 보존된다는 사실도 밝혀냈어.

연소의 개념, 산소의 발견, 질량보존의 법칙, 호흡, 원소의 개념 확립, 화합물의 명명법 등을 통해 근대 화학을 이끈 선구자로서 라부아지에는 화학을 체계화하는 데 큰 공헌을 한 과학자야. 라부아지에의 아내도 남편의 실험 준비와 뒷정리뿐만 아니라, 실험 내용을 그림으로 묘사하여 라부아지에의 업적을 남기는 데 큰 기여를 했어.

원자에 관한 기본 법칙과 돌턴의 원자설

물질 변화에서 찾은 규칙성을 순서대로 정리해 볼까? 돌턴은 실험법칙인 질량보존의 법칙과 일정 성분비의 법칙으로부터 원자설을 만들고 이 원자설로부터 배수비례의 법칙이 성립함을 밝혀내어 원자설을 확고히 하게 돼.

● 질량보존의 법칙　**라부아지에** 1772년

반응 전과 후의 물질의 총질량은 변화가 없다.

모든 물질은 원자라고 하는 더 이상 쪼갤 수 없는 작은 입자로 되어 있다.

● 돌턴의 원자설
돌턴 1803년

두 원소가 결합하여 두 가지 이상의 화합물을 만들 때 한 원소의 일정량과 결합하는 다른 원소의 질량 사이에는 간단한 정수비가 성립한다.

● 배수비례의 법칙
돌턴 1803년

● 일정 성분비의 법칙　**프루스트** 1779년

화합물을 이루고 있는 성분 원소의 질량비는 일정하다.

힘과 운동

강옥경

01

Science

힘의 작용 반작용,
네가 아프면 나도 아프다?

힘이 작용하면 무슨 일이 일어나나요?

만약 이 세상에 힘이 사라진다면 어떻게 될까? 내가 서 있거나 걸어 다닐 수 있을까? 축구공을 차고 유리창을 깨는 것은? 손으로 공을 잡고 있을 수 있긴 한 건가? 하늘에 해와 달은 제대로 움직일까? 힘이 사라진다면 이 세상은 엉망진창, 지금과 많이 달라지겠지.

다행히 이 세상에 힘은 사라지지 않고 우리가 사는 모든 곳에서 작용하고 있기에 세상은 끊임없이 변화가 계속되고 있어. 유리를 깰 수도 있고, 우리가 서 있을 수도 있고, 정지해 있던 자동차를 움직이게 하거나, 움직이는 자동차를 멈추게 할 수도 있지. 또 내게로 날아오는 공을 야구 방망이로 쳐서 다른 곳으로 날아가게 할 수도 있잖아.

힘을 작용하면 유리가 깨지고 종이가 구겨지며 스펀지가 눌리는 것과 같이 모양을 변하게 할 수 있고, 자동차의 속력을 더 빠르게 또는 점점 느리게 할 수도 있으며 날아오는 공의 방향을 마음대로 바

꿀 수도 있어.

힘은 달리는 자동차가 가지고 있거나 사람이나 물체가 가지고 있다가 드러나는 것이 아니야. 단지 우리는 주변에서 모양이 변하거나, 운동 상태*가 변하는 것을 보면서 '힘이 작용' 하기 때문이라는 것을 알아차리게 될 뿐이란다.

버스 안에서 나를 민 힘을 찾아라

버스가 갑자기 출발하면 버스 뒤로 몸이 기우뚱하고, 갑자기 멈추면 버스 앞으로 기우뚱한 경험이 있지? 놀이동산에 가서 롤러코스터를 타면 내 몸이 붕 뜨거나 눌리는 경험도 했을 테고 말이야. 그렇다면 버스 안이나 롤러코스터에서 나를 움직이게 한 힘은 무엇일까? 진짜 나를 움직이게 한 힘이 작용한 것일까?

우선, 힘이 작용하였다고 하려면 힘을 주는 '나' 와 힘을 받는 '너' 가 반드시 있어야 해. 예를 들어 손으로 책상을 힘껏 쳤어. 그럼 책상에 힘이 작용한 건가? YES! 왜냐고? 힘을 주는 나손와 힘을 받은 너책상가 있잖아.

그렇다면 힘을 주는 '나' 와 힘을 받는 '너' 만 있으면 될까? 아니, 아니. 하나 더. 진짜 힘이 작용하면 이런 특징이 함께 나타나. 뭐냐고?

내가 너에게 힘을 주면 동시에 너도 나에게 힘을 준다는 것. 즉 어느 한쪽이 상대에게 일방적으로 힘을 가하는 것이 아니라 힘을 받은 쪽도 상대에게 힘을 준다는 거야. 이것을 '상호 작용' 이라고 하지. 네가 아프면 동시에 나도 아픈 것이라고나 할까. 이때 내손가 너책상에게 주는 힘을 '작용' 이라고 하고, 동시에 네책상가 나

운동 상태
축구선수가 축구를 할 때 공의 빠르기와 함께 어느 방향으로 찰 것인지를 매우 중요하게 여긴다. 이 축구공의 날아가는 방향과 빠르기를 한꺼번에 물을 때 '축구공의 운동 상태가 어떻게 변했는가?' 라고 표현한다. 즉, '운동 상태' 란 물체의 빠르기(속력)와 운동 방향을 모두 포함하는 말이다.

손에게 주는 힘은 방향이 나와 반대이기 때문에 '반작용'이라고 말을 해. 그래서 이를 '힘의 작용 반작용'이라고 하지.

그렇다면 작용과 반작용 힘의 크기는 어떨까? 서로 크기가 같아. 어떻게 알 수 있느냐고? 간단해. 아래 그림을 보렴.

작용과 반작용
로켓이 가스를 분출하면(작용) 가스도 로켓을 밀어 올린다(반작용).

그래서 손으로 책상을 칠 때 책상도 동시에 내 손에 같은 크기의 힘을 준다 이 말이야. 어때, 내가 책상을 때렸는데 내 손도 얼얼하게 아픈 이유를 알겠지?

한국인 최초로 지구 밖을 여행한 이소연을 실은 우주선이 지구를 탈출할 수 있었던 이유*도 바로 힘의 작용 반작용의 원리를 이용했기 때문이야.

그렇다면 버스에서 내가 휙 밀렸을 때 어떤 힘이 나를 밀었을까? 롤러코스터가 내려올 때 무슨 힘이 내 엉덩이를 들썩이게 했을까? 어, 힘이 없네. 분명히 나의 몸이 움직였는데 내게 힘을 작용한 주체가 없다니…? 사실, 이때 움직임은 힘이 작용한 것이 아니라 바로 나의 관성 때문에 나타난 현상일 뿐이란다. 관성이 무슨 뜻인지 궁금하겠지만 나중에 알아보도록 하고, 우리 생활과 친한 힘의 종류에 대해 몇 가지 알아볼까?

힘에는 어떤 종류가 있나요?

중력 지구를 탈출하는 것이 가능할까? 그럼, 가능하지. 이소연을 태웠던 우주선! 하지만 우주선을 탈출시키려면 보통 30만 킬로그램보다 훨씬 많은 연료를 태워야 해.

왜 이렇게 많은 연료가 필요할까? 바로 지구가 잡아당기는 힘 때문이지. 이 힘을 중력이라고 한다는 것은 다들 알고 있을 거야.

그럼 적도, 북극, 남극, 호주, 한국, 미국에서 동시에 야구공을 하늘 높이 던져 올렸어. 야구공은 지구를 탈출할까? 오호, 중력을 너무 얕잡아 보고 있는 것 아냐? 당연히 떨어지겠지! 그렇다면 어느 방향으로 떨어질까? '아래'라고 말하고 싶겠지만 그건 정확한 표현이 아니야. 각 지역에서 공이 떨어진 방향으로 화살표를 그려 보면 지구의 중심을 향하게 된다는 것을 알 수 있는데 이 방향을 우리는 '연직 방향'이라고 한단다.

그럼 뉴턴의 과수원에 있는 사과와 하늘에 높이 떠 있는 달 중에 누가 더 큰 중력을 받을까. 이렇게 생각해 보자. 사과와 달을 같은 장소에 놓고 힘을 주어 움직이게 하려면 어느 쪽의 힘이 많이 들지 말이야. 그렇지, 달을 이루는 재료가 사과를 이루는 재료보다 엄청 많지. 이 재료의 양을 질량이라고 부를게. 그렇

중력
힘은 작용 반작용이 성립해야 하므로 지구가 사과와 같은 물체를 끌어당길 때 사과도 지구를 같은 크기의 힘으로 끌어당긴다. 그러나 사과는 지구에 비해 질량이 매우 작아 지구와 같은 크기의 힘이 작용하여도 지구에 비해 사과의 속도 변화가 훨씬 크다. 우리에겐 사과가 지구 쪽으로 끌려오는 것처럼 보이므로 큰 지구가 작은 사과를 일방적으로 당기는 중력이 있다고 생각하기 쉽다. 하지만 17세기 영국의 뉴턴은 질량을 가진 물체끼리는 서로 끌어당기는 상호 작용이 있음을 발표하였고, 우리는 이를 만유인력이라고 한다.

중력 탈출
지구에서 탈출하기 위해서는 공기의 저항이 없고 중력만 작용한다는 가정하에 1초에 11.2킬로미터 이상의 속력이 되어야 가능하다.

다면 질량이 큰 달에 작용하는 지구의 중력이 사과보다 크겠네. 하지만 이렇게 질량만 비교하면 안 돼. 실제로 달은 사과보다 엄청 멀리 있어. 내가 친구를 한 대 치려고 해도 멀리 있으면 힘을 주기가 어렵겠지. 마찬가지로 지구의 중력도 물체가 멀리 있을수록 급속히 작아지므로 질량이 큰 달에 작용하는 중력이 무조건 크다고 단정하면 안 되지. 사과와 달의 질량과 지구와의 거리를 함께 비교해야 옳아. 결국 중력은 거리가 가까울수록 물체의 질량이 클수록 강력한 힘을 작용한다는 거야.

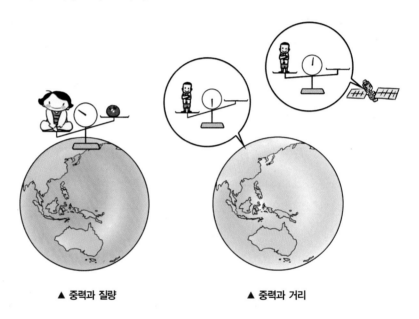

▲ 중력과 질량   ▲ 중력과 거리

수직항력 그럼 중력이 작용하는데 왜 책상 위의 책은 떨어지지 않는 걸까? 그 이유는 떨어지지 않게 무엇인가가 받쳐 줘야 한다는 말을 하고 싶은 거지? 그래 맞아. 바로 책상이 책을 위로 떠받쳐 주고 있지. 이 힘을 항력 또는 저항력이라고 하는데 책상 면이 수직 방향으로 떠받치고 있으니까 수직항력이라고 불러. 떨어지지 않게 책상이 떠받치고 있다면 이때 수직항력과 중력은 크기가 같아야겠지?

마찰력 만약 김연아 선수 보고 우리 학교 운동장에서 스케이트를 타라고 한다면 어떻게 될까? 무척 당황할 거야. 왜? 미끄러지지 않잖아. 그럼 스케이트가 미끄러지지 않도록 방해하는 힘이 크다는 말이네. 맞아, 잘 움직이고 싶은데 이를 방해하는 힘을 마찰력이라고 해. 그런데 왜 운동장은 얼음판보다 마찰력이 크지? 하하, 그렇지. 얼음판보다 바닥면이 훨씬 울퉁불퉁하네. 마찰력은 바닥면이 거칠수록 커지고 두 물체가 반드시 접촉*해야만 나타나. 또한 바닥을 누르는 힘이 클수록 마찰력도 커져.

그렇다면 마찰력은 큰 게 좋을까 작은 게 좋을까? 달리기를 할 때는 바닥이 울퉁불퉁 마찰력이 큰 운동화가 좋겠고, 자동차의 연료를 절약하려면 자동차 타이어를 매끈하게 해서 마찰력을 줄이는 게 좋겠다고?

허허, 큰일 날 소리. 만약 자동차 타이어가 매끈하다면 위급 상황에서 멈추는 것이 쉬울까? 비 오는 날 자동차 타이어에 생기는 수막현상*을 생각해 봐. 너무 위험하겠지? 그래서 마찰력은 상황에 따라 적절하게 조절이 되는 것이 가장 좋아.

이외에도 용수철을 늘였다 놓았을 때 다시 원래 모양으로 되돌아가려는 탄성력, 전기를 띤 물체 사이에 작용하는 전기력, 자석이나 자기적 성질을 가진 물체 사이의 자기력, 물속에서 뜨게 해 주는 부력, 그네를 매달고 있는 줄의 장력 등 다양한 종류의 힘이 존재한단다.

접촉과 마찰력
접촉하지 않으면 마찰력이 거의 0에 가깝다는 것을 확인해 보기 위해서 다음과 같은 실험을 한다. 빈 깡통에 드라이아이스를 넣고 구멍을 몇 군데 뚫은 뚜껑으로 막아 뚜껑이 아래쪽으로 오도록 하고 살짝 밀면 승화된 드라이아이스 기체가 구멍으로 새어 나오기 때문에 통이 약간 떠서 일정한 속력으로 움직인다.

수막현상
비가 오거나 물이 고인 도로를 고속으로 달리면 타이어와 도로면 사이에 물막이 형성되어 자동차가 물 위를 미끄러지는 현상. 접촉면이 매끈하게 되는 효과가 나타나기 때문에 마찰력이 줄어 비오는 날 사고의 원인이 될 수 있다.

자연계에 존재하는 기본 힘

물체의 운동에 작용하는 힘은 물질의 성질이나 상황에 따라 다양한 이름으로 표현되지. 중력·마찰력·탄성력·전기력·자기력·부력·장력·핵력 등. 하지만 자연계에 존재하는 이렇게 다양한 힘도 모두 4가지 기본 힘으로 설명이 가능해. 질량을 가진 물체 사이에 작용하는 중력만유인력, 전기를 띤 물체 사이에 작용하는 전기력, 원자핵 속의 소립자 사이에서 작용하는 핵력이 기본 힘이야. 핵력은 약한 핵력과 강한 핵력으로 구분해.

우리가 경험하는 힘은 중력과 전자기력이지만 사실, 우리 몸을 비롯한 다양한 물질을 존재하게 하는 근본 힘은 핵력이라고 할 수 있어. 핵력을 이용하면 원자력 발전을 하거나 원자핵폭탄을 만들 수도 있어. 우리가 느끼기엔 중력의 크기가 제일 큰 것 같은데, 힘의 크기는 강한 핵력 ,전자기력, 약한 핵력, 중력 순서야. 만약 중력의 크기를 1로 본다면 약한 핵력은 중력의 10^{26}배, 전자기력은 10^{38}배, 강한 핵력은 10^{40}배*나 되지.

그런데 이렇게 강한 핵력을 왜 느끼지 못하는 걸까? 핵력은 $10^{-15} \sim 10^{-17}$m 정도의 원자핵 크기 속에서만 작용하기 때문이야. 거기에 비해 중력과 전자기력은 먼 거리까지 힘을 작용할 수 있어. 현대 물리학자들은 이 4가지 기본 힘을 하나의 힘으로 통일하여 설명하고 싶어 하는데 우리와 가장 친근한 중력을 이해하는 것이 가장 어려운 문제라서 어려움을 겪고 있다고 하네.

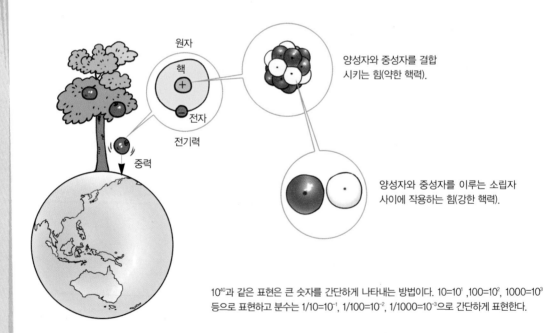

원자

핵

전자

전기력

양성자와 중성자를 결합
시키는 힘(약한 핵력).

중력

양성자와 중성자를 이루는 소립자
사이에 작용하는 힘(강한 핵력).

10^{40}과 같은 표현은 큰 숫자를 간단하게 나타내는 방법이다. $10=10^1$,$100=10^2$, $1000=10^3$ 등으로 표현하고 분수는 $1/10=10^{-1}$, $1/100=10^{-2}$, $1/1000=10^{-3}$으로 간단하게 표현한다.

힘을 주는 '나' 와 받는 '너' 를 찾아라

여러 가지 작용과 반작용

가스 분출
로켓이 가스를 뿜어내면
가스는 로켓을 밀어 올리는
반작용을 한다.

부력
내 몸이 물을 누르면
물은 내 몸을 떠받치는
반작용을 한다.

탄성력
내가 용수철을 세게 누르면
용수철은 나를 튕겨
날리는 반작용을 한다.

02 힘이 사라지면 모든 물체는 멈출까요?

공이 계속 움직이려면 반드시 힘이 작용해야 하나요?

하늘에 있는 천체는 지구를 중심으로 원운동을 하고 지구에 있는 모든 물체는 지구로 떨어지는 자연스러운 운동을 하는데 왜 쏜 화살은 이를 거스르고 계속 날아갈 수 있을까?

고대 그리스에 살았던 철학자 아리스토텔레스는 화살이 공기를 뚫고 지나갈 때 옆으로 밀린 공기가 화살 뒤로 와서 미는 힘을 낸다고 설명을 하였으며 화살이 계속 움직이려면 힘이 있어야만 가능하다고 생각했어. 만약 힘이 없으면 정지하고 말기 때문에 공기가 없는 진공은 상상할 수 없다고도 했지. 하지만 약 2,000년 후 이탈리아에 갈릴레이*라는 사람이 짠 나타나서 생각으로 하는 사고 실험*을 이용하여 힘이 없어도 물체가 계속 움직일 수 있다는 것을 알려 주었어.

운동장에서 공을 굴리면 마찰력이 크니까 금방 멈추고, 유리판에서 공을 굴리면 마찰력이 작으니까 훨씬 멀리 가잖아. 만약, 마찰력이 없는 곳에서 공을 굴린다

갈릴레이(1564~1642)
이탈리아 과학자. 물체의 낙하 속도가 무게와 상관이 없음을 증명하였고, 망원경을 제작하여 달과 목성의 위성을 관찰하였다. 지동설을 주장하여 종교 재판을 받은 기록이 있다.

사고 실험
실제 실험하기 어려운 상황을 사고 과정을 통해 추리해 가는 실험 방법.

멀리간 이유는 마찰력이 없어서.

카펫

유리

갈릴레이의 사고 실험

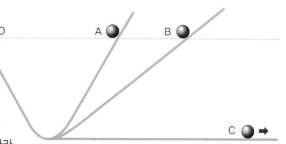

그림처럼 마찰력이 없는 미끄러운 곡면이 있다.

지평면에 평행하지 않게 조금 기울인 O점에 무겁고 단단한 공을 가만히 놓으면 어떻게 될까? 공은 내려오고 속력은 점점 빨라진다. 바닥에 닿는 순간 속력이 최대인 공은 멈추지 못하고 다시 경사면을 따라 올라간다. 올라가야 하니까 속력은 느려지고, 마찰력이 없으니까 출발 지점인 O와 같은 높이인 A점에서 멈추게 된다.

올라가야 할 경사면의 기울기를 조금 낮추면 어디까지 갈까? 올라갈 거리가 조금 더 길어지지만 출발 지점 O와 같은 높이가 되는 B점까지 가게 된다. 이런 식으로 기울기를 더 낮추어 C와 같이 지평면과 나란하게 했을 때 O점에서 내려온 공은 어떻게 될까? 움직이는 거리와 상관없이 출발 지점과 같은 높이까지 가야 멈출 수 있는데 높이의 변화도 없고, 마찰력도 없으니 공은 바닥에 닿는 순간의 속력을 유지하면서 계속 움직일 수밖에 없다.

이 운동이 가능한 이유를 갈릴레이는 '운동하는 물체는 외부에서 작용하는 힘이 없어지면 원래 자신의 운동을 유지하려는 성질이 있기 때문'이라고 주장했다. 이 성질을 '관성'이라고 부른다.

면 멈추지 않고 계속 가겠지. 이때 속력은 변할까? 방해하는 힘이 없으면 속력이 감소하지 않아. 내 손을 떠난 후로 도와주는 힘도 없으니 속력이 증가하지도 않을 거고. 그렇다면 속력은 변화가 없다는 거네.

이처럼 공에 힘이 작용하지 않아도 공은 일정한 속력으로 계속 움직일 수 있어. 갈릴레이는 이 현상이 가능한 이유를 '공물체은 자신이 운동하고 있던 방향과 속력을 그대로 유지하고 싶어 하는 성질이 있기 때문'이라고 설명을 했어. 이 성질을 뭐라고 한다고? 그래, 앞에서 배운 것처럼 '관성'이라고 해.

즉, 모든 물체는 힘합력이 작용하지 않는* 한 자신의 속력과 움직

힘이 작용하지 않는다?
물체에 작용하는 힘이 0이거나 모든 힘의 합력이 0인 경우를 뜻한다.

이는 방향을 계속 유지하고 싶어 하는 성질인 관성이 있어. 그 때문에 속력이 0인 물체는 속력 0의 정지 상태를, 속력이 있는 물체는 방향도 바꾸지 않고 직선 길을 따라 그 속력 그대로를 계속 유지하고 싶어 한다는 말이지.

앞에서 버스가 갑자기 멈추면 사람은 버스 앞으로 넘어지는데 넘어지게 한 힘은 없고 관성 때문이라고 한 것 기억나지? 관성을 배웠으니 이 현상을 설명해 보자.

버스가 가는 동안 버스 안에 있는 사람도 버스와 같은 속력으로 가고 있어. 버스가 갑자기 멈춰 버리면 버스의 멈춤이 발바닥까지는 왔을지라도 온전히 몸까지 전달이 안 되잖아. 사람 몸은 가고 싶은 운동 관성이 있는데 버스는 갑자기 멈추었으니 몸이 버스 운동 방향으로 기울어질 수밖에. 즉, 계속 가고 있는 거지.

그럼, 갑자기 출발할 때 사람 몸은 어디로 넘어질까? 버스가 가는 반대 방향? 그렇지, 버스가 갑자기 출발하면 서 있던 사람은 정지 관성 때문에 버스의 운동을 못 따라 가게 되어 버스 운동 반대 방향으로 넘어지고 말지.

정지한 물체는 어떤 힘도 받지 않나요?

힘이 작용하지 않으면 물체는 관성 때문에 자신의 속력_{빠르기}이나 움직이는 방향을 그대로 유지하고 싶어 한다고 했잖아. 그럼 물체가 정지해 있을 땐 어떤 힘도 받지 않기 때문에 정지하고 싶은 관성이 계속 유지가 된다고 해도 되겠네? 물론! 하지만 모든 경우가 다 그럴까? 기억력 테스트!

"책상 위의 책이 가만히 정지한 이유는 아무 힘도 없기 때문이다?"

맞는다고? 삑~ 머릿속에 지우개가 있구나. 앞에서 배운 건데…. 책상 위에 있는 책은 지구가 당기는 중력과 책상이 떠받치는 수직항력이 있잖아. 뭐라고? 마찰력도 있다고? 그건 움직일 때 신경 쓰는 힘이지. 책에 중력과 수직항력이 작용하는데 왜 꼼짝도 않는 거지? 힘이 있으면 모양이나 운동 상태가 변한다고 했는데….

그건 바로 힘의 방향과 크기 때문이야. 힘은 크기, 힘을 주는 지점_{작용점}, 밀거나 당기는 힘의 방향에 따라 그 결과가 완전히 달라지는 특징이 있어.

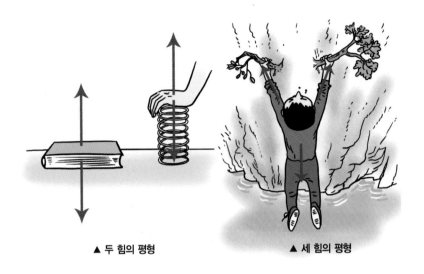

▲ 두 힘의 평형   ▲ 세 힘의 평형

실제 힘
물체에 작용하는 모든 힘을 합한
'합력'을 의미한다.

　　책상 위의 책이 정지해 있는 이유는 같은 크기의 힘이 서로 반대
방향으로 작용하니까 두 힘이 서로 비겨서 책을 움직이게 할 수 있
는 실제 힘*은 0이 되어 버린거야. 이 상태를 '힘의 평형'이라고 하
는데 두 힘이 작용하든, 세 힘이 작용하든 힘의 평형 상태가 되면 힘
이 없는 것과 같은 결과가 나타나게 돼. 즉, 힘의 평형 상태가 되면
책상 위의 책은 힘이 없는 상황과 같기 때문에 책은 계속 정지하려
는 관성이 유지가 된단다.

　　그럼 같은 크기의 두 힘이 반대 방향으로 작용하면 무조건 힘의
평형 상태가 되어 움직이지 않는 건가? 아니, 힘을 주는 지점을 연
결해서 같은 직선상에 있어야 해. 만약에 힘을 주는 지점이 다르다
면 책은 회전하게 돼. 한번 해 봐.

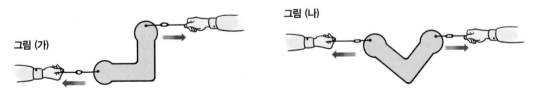

그림 (가)　　　　　　　　　　　그림 (나)

▲ 힘의 작용점이 일직선이 되면 그림(나)와 같은 평형 상태가 된다.

1. 힘의 표현은 화살표로 한다. 이때 화살표의 길이는 힘의 크기에 비례하여 그린다.

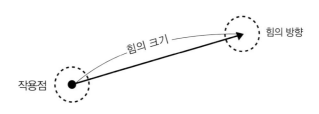

힘의 방향

힘의 크기

작용점

2. 힘의 합력

한 물체에 두 가지 이상의 힘이 작용하면 각 힘을 나타내는 화살표를 이용하여 합력을 구한다.

① 나란한 두 힘의 합력

② 나란하지 않은 두 힘의 합력

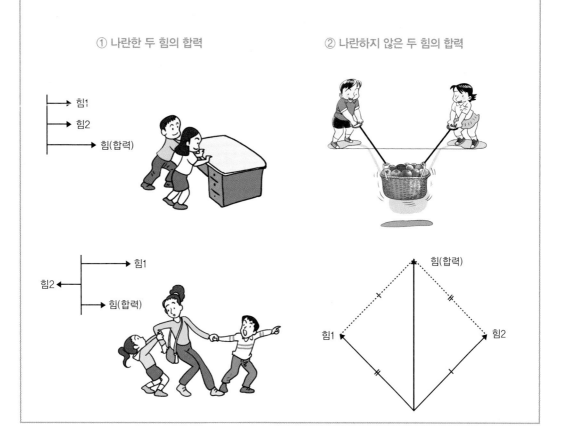

힘1

힘2

힘(합력)

힘1

힘2

힘(합력)

힘(합력)

힘1

힘2

실제 작용하는 합력이 0이면 어떤 운동이 될까?

경부고속도로에 부산에서 서울로 시속 100킬로미터 속력으로 달리는 버스가 있고, 서울에서 부산으로 시속 100킬로미터 속력으로 달리는 버스가 있어. 속력이 같으면 두 버스의 운동은 같다고 할 수 있을까?

같다고? 속력은 같지만 두 버스의 출발점과 움직이는 방향을 비교해 보면 어떠니? 서로 반대지? 지금부터 잘 들어. 운동을 비교할 때는 속력도 중요하지만 또 하나 중요한 것이 방향이야. 버스처럼 비록 속력이 같더라도 출발점과 운동하는 방향이 다르면 그 운동의 최종 결과가 달라지지? 그래서 두 운동을 비교할 때는 속력만 비교

하는 것이 아니라 어디로 가는지 방향을 반드시 물어야 해. 빠르기와 방향을 모두 나타내는 말로 '속도'라는 말을 사용하는데 빠르기만을 나타내는 '속력'이라는 말과 구별해야 옳아. 일상생활에서 우리는 편하게 구분 없이 쓰는데 사실은 다른 뜻이야.

만약 운동 방향이 같다고_{일정}할 때 일정한 속력으로 움직인 길을 선으로 그리면 직선이 돼. 이렇게 운동 방향과 속력이 변하지 않고 일정하게 움직이면 '등속도_{등속 직선} 운동'*을 한다고 하는거야. 두 버스는 등속력이긴 하지만 등속도 운동을 하고 있는 것은 아니지!

여러 힘이 동시에 작용해도 그 합력이 0일 때, 물체는 힘이 없는 경우와 같은 결과가 나타날 거야. 물체는 자신의 빠르기나 운동 방향을 그대로 유지하고 싶어 하는 관성이 있고….

그래! 그래서 합력이 0인 경우도 힘이 전혀 없을 때와 같이 관성이 유지되어 물체는 정지해 있거나 등속도 운동을 하게 되는 거야.

등속도 운동
빠르기와 운동 방향이 일정한 등속도 운동을 하는 기구는 에스컬레이터나 무빙워크, 스키장에서 보는 리프트, 물건을 실어 움직이는 컨베이어 벨트 등이 있다.

관성이 내 몸무게를 바꾼다

놀이동산에 있는 자이로드롭이 떨어질 때 내 몸무게를 재면 얼마가 될까? 몸무게는 지구가 나를 당기는 중력의 크기를 재는 거잖아. 몸무게를 측정하기 위해서는 저울을 이용하는데 저울에 올라서면 중력 때문에 저울이 눌리게 되겠지. 얼마나 큰 힘으로 눌렀는지에 따라 중력의 크기인 몸무게가 결정이 돼. 그렇다면 떨어지는 자이로드롭에서 내 몸무게를 재면?

놀라지 마. 몸무게는 순간적으로 0! 나의 몸무게가 사라져 버리게 되지. 왜냐고? 몸무게 감소의 비밀은 바로 관성이야. 중력으로 인해 떨어지면 난 관성 때문에 순간 중력으로 인한 자이로드롭의 속력 변화를 못 따라가. 그래서 내 몸은 붕~ 뜨게 되고 나의 몸무게는 잴 수가 없게 되는 거야. 다이어트 걱정은 하지 않아도 되겠지만 내 몸이 붕 뜨니까 만약 벨트를 매지 않았다면 의자에서 날아오르는 날다람쥐가 된다는 말이겠지.

그럼, 관성 때문에 몸무게가 늘어날 수 있을까?

물론이지. 자이로드롭을 중력 2배의 힘으로 끌어 올린다면 아마도 너의 몸무게는 지금의 2배로 늘어날 걸. 이렇게 몸무게가 자유롭게 바뀌는 경험은 보통 고층으로 올라가는 엘리베이터의 속력이 증가하거나 감소되는 순간, 또는 놀이동산의 롤러코스터, 바이킹처럼 높낮이 변화에 따라 속력이 변화하는 경우에 얼마든지 가능하게 되지. 앞으로 놀이동산에 가거든 이 몸무게 변화를 온몸으로 한번 느껴 봐. 놀이기구의 짜릿함이 바로 여기서 온다는 사실!

관성, 힘이 없으면 내 상태도 바꾸기 싫어!

달리기를 할 때 돌부리에 발이 걸리면 앞으로 넘어지는 것.

안전벨트를 서서히 당기면 느슨해지지만 갑자기 당기면 꽉 조이는 것.

달리기를 할 때 결승선에서 쉽게 멈춰지지 않는 것.

자동차 충돌 시 안전벨트를 하지 않은 운전자가 차 앞 유리를 뚫고 나가게 되는 것.

힘이 작용하지 않는 우주 공간에서 등속도 운동을 하는 것.

03 다양한 운동은 무엇 때문에 가능할까요?

Science

가속
가속은 (+)로, 감속은 (-) 기호로 표시하기도 한다.

운동 방향과 빠르기가 바뀌면 무슨 운동이라고 부르나요?

학교에 가기 위해 버스를 타면 버스의 속력이 점점 빨라지지. 이때 우리는 버스가 가속된다고 말을 해. 그럼, 달리던 버스가 멈추려고 속력을 줄이면 뭐라고 하지? 그래, 감속한다고 하지. 가속과 감속은 속력이 증가하고 감소했다, 즉 속력의 변화를 뜻하는데 과학에서는 이를 모두 가속*된다고 표현해.

그럼, 다음의 경우는 가속되고 있는 걸까? 인공위성이 일정한 속력으로 지구를 중심으로 돌고 있어. 속력이 같으니까 등속도 운동? 잠깐! 운동을 비교하고 표현할 때는 속력빠르기과 함께 무엇이 중요하다고? 그래, 운동 방향. 그런데 인공위성의 움직이는 모양은 직선이 아니라 원 모양이야. 이는 순간순간

운동 방향이 계속 변한다는 말이잖아. 비록 속력이 같더라도 운동 방향의 변화가 있으면 이 경우도 가속된다고 표현한단다.

우리가 흔히 경험하는 물체의 운동은 속력과 운동 방향이 변하는 경우가 더 많아. 그래서 좀 어렵겠지만 속력이 변하거나 운동 방향이 변할 때, 또는 속력과 운동 방향이 모두 변할 때 우리는 '가속도 운동'을 한다고 해.

가속도 운동은 왜 생기는 걸까?

만약 가만히 서 있는 볼링공에 당구공이 정면충돌한다면 당구공은 다시 튕겨 나가 버리겠지? 이때 어느 쪽이 더 큰 힘을 받았을까? 당구공이 심하게 튕겨 나갔으니까 볼링공보다 당구공이란 생각이 들겠지만, 힘의 작용 반작용의 원리에 의해 볼링공과 당구공은 같은 크기의 힘을 주고받아. 하지만 볼링공은 질량이 크고, 당구공은 질량이 작기 때문에 같은 크기의 힘을 받아도 당구공은 움직이는 방향이 쉽게 변하고, 속력 변화도 심하게 나타나.

자, 그럼 당구공을 얼음판과 운동장에서 동시에 굴려 보자. 마찰력이 큰 운동장에서 굴린 당구공이 얼음판보다 더 빨리 멈추겠지. 그렇다면 공을 굴린 1초 후 속력 변화는 어느 쪽이 더 클까? 그래, 마

찰력이 큰 운동장에서 굴린 당구공의 속력 변화가 훨씬 크지. 운동할 때 작용하는 힘이 크면 속력 변화도 크다는 것을 알 수가 있어. 만약, 공이 움직이고 있는데 운동장의 마찰력이 갑자기 사라진다면 어떻게 될까? 공의 속력을 변화시키는 원인인 힘이 없어졌다는 거잖아. 오호! 그렇다면 공은 관성 때문에 등속 직선 운동을 하겠네.

당구공의 운동에서 알 수 있는 것처럼 속력이 변하고 운동 방향이 변하는 가속도 운동은 힘이 작용하기 때문에 생기는 거야. 힘의 크기가 클수록 속력의 변화량은 커지고 운동 방향도 크게 바뀐다는 것을 알 수 있었지? 그리고 같은 힘이라면 질량이 적은 쪽이 가속이 더 잘 되는 거고 말이야*.

자, 그럼 우리 주변에서 볼 수 있는 다양한 가속도 운동을 알아볼까!

뉴턴의 운동 제2 법칙
물체의 가속도(a) 크기는 그 물체에 작용하는 힘(F)의 크기에 비례하고 질량(m)에 반비례한다. 이를 뉴턴의 운동 제2 법칙이라 하고,

$$가속도(a) = \frac{힘(F)}{질량(m)}$$

또는 $F = ma$로 표현한다.

번지점프를 하면 왜 짜릿한 즐거움을 느낄까요?

남태평양 바누아투라는 작은 섬나라에 사는 열 살 이상의 남자아이들은 용맹스러운 성인이 되었음을 알리기 위해 번지라고 하는

칡넝쿨과 비슷한 탄력 있는 식물의 줄기를 발목에 묶고 뛰어내리는 풍습이 있었대. 여기서 출발한 레포츠가 바로 번지점프라는 거지. 높은 곳에서 아래로 뛰어내리면 속력이 점점 빨라져 엄청난 짜릿함을 즐길 수 있어. 70미터 정도 높이에서 뛰어내리면 최하점 속력은 초속 35미터* 이상이 될 거야. 그런데 속력이 증가하는 이유가 뭘까? 그래, 바로 중력이라는 힘이 원인이지. 뛰어내리는 운동 방향과 힘이 작용하는 방향이 같으면 속력이 점점 빨라지게 되고 최하점에서 번지의 탄성력으로 위로 올라가게 되면 중력과 움직이는 운동 방향이 반대가 되니까 속력은 점점 줄어들게 되는 거야. 최고점에 올라가면 속력이 0이 되지. 그럼 순간 움직이지 않으니까 중력은 사라진 것인가? 그런데 우리는 다시 아래로 떨어지게 되거든. 중력이

속력의 단위

초속 35미터를 속력을 나타내는 단위로 표현하면 35m/s이다. 이것은 1초(second)에 35미터를 움직이는 빠르기를 의미한다. 이를 시속으로 나타내면 126km/h이다. 이 속력은 고속도로 자동차 제한 속력보다 훨씬 빠른 속력이며 속력의 단위는 분속 m/min , 시속 km/h처럼 상황에 따라 다양하게 사용한다.

라는 힘은 계속 작용하고 있어.

이처럼 힘이 작용하는 방향이 운동 방향과 같으면 속력이 점점 빨라지고 운동 방향과 반대면 속력이 점점 느려지는 가속도 운동[*]을 하기 때문에 번지점프의 짜릿함을 즐길 수 있는 거란다.

중력 가속도

떨어지는 물체에 작용하는 중력은 물체가 떨어지는 동안 그 크기가 일정하다. 이때 물체의 속력은 1초에 9.8m/s씩 증가하며 이 속력의 변화량을 '중력 가속도'라고 부른다.

중력의 크기는 질량이 클수록 커지지만 중력 가속도의 크기는 물체의 질량과 상관없이 항상 같다. 진공에서 물체가 낙하한다면 질량에 상관없이 같은 속도로 떨어진다.

투수가 던진 공은 왜 포물선을 그리나요?

공기의 저항도 중력도 없는 곳에서 비스듬한 방향으로 투수가 공을 던졌어. 어떤 모양으로 운동할지 상상해 봐. 투수의 손을 떠나는 순간 공은 아무런 힘을 받지 않으니까 관성 때문에 던진 방향으로 등속 직선 운동을 하고 싶어 하겠지? 하지만 현실에서는 포물선 모양으로 떨어지고 말아. 왜냐고? 비스듬히 날아가고 싶은데 아래쪽으로 중력이 자꾸만 잡아당기니까 공은 날아가면서 중력 때문에 조금씩 아래로 떨어지면서 움직이기 때문에 결국 지나간 길을 그림으로 표현해 보면 포물선이 되는 거지.

이처럼 공이 움직이는 방향과 비스듬한 방향으로 힘이 작용하면 움직이는 방향이나 속력을 함께 바꾸어 줄 수 있어. 이 말은 움직이는 방향이나 속력을 바꾸고 싶으면 원하는 방향으로 계속 힘을 주라는 뜻이야.

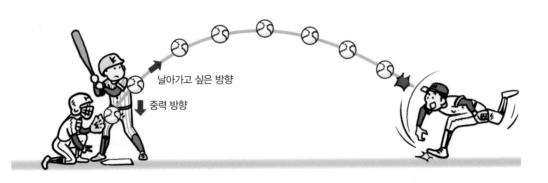

날아가고 싶은 방향

중력 방향

"빙빙 돌아라!" – 원운동은요?

다음 그림처럼 정월 대보름이 되면 하는 쥐불놀이에서 깡통이 움직이려는 방향과 힘의 방향은 어떤 관계가 있을까?

그림처럼 매순간 깡통은 원의 접선 방향으로 도망가고 싶어 하고 나는 줄을 잡고 원의 중심 쪽으로 힘을 주고 있음을 알 수 있어. 그래, 원 모양의 운동이 되려면 움직이고 싶어 하는 방향의 수직 방향으로 순간순간 힘을 주어 원 안으로 당겨 주어야 가능해. 인공위성이 지구를 도는 이유도 중력이라는 힘이 구심력* 역할을 하기 때문이야.

이처럼 움직이는 방향과 나란하거나 비스듬하게, 또는 수직한 방향으로 힘을 작용하면 우리는 속력이나 움직이는 방향을 바꿀 수 있게 되고 다양한 모양의 가속 운동을 만들어 낼 수 있게 된단다.

구심력

원운동을 할 때 원의 중심으로 끌어당기는 힘이라는 의미이며, 원운동하는 인공위성의 구심력의 역할은 지구의 중력, 쥐불놀이의 구심력 역할은 끈이 당기는 힘(장력)이 된다.

떨어지는 빗방울을 맞아도
위험하지 않은 이유는?

1권에서 다뤘던 내용인데 조금 더 깊이 생각해 보자.

　지구에 존재하는 모든 물체는 중력 때문에 떨어지면서 계속 가속된다는 것은 알고 있겠지. 만약 지상 1,000미터에서 만들어진 빗방울이 땅에 떨어질 때 순간 속력은 얼마나 될까? 1초에 9.8m/s씩 속력이 증가한다고 했으니 거리를 재서 지면 도달 시간을 구하고 이를 이용하여 지면 도달 속력을 구해 보면 대략 140m/s가 돼. 이를 시속으로 바꾸면 504km/h로 지면 도달 속력이 엄청나게 빨라 충격적이야.

　이렇게 빠른 속력으로 비가 쏟아진다면 우리의 안전은 누가 책임을 질까? 하지만 자연이 우리를 위험에 처해 있도록 두지 않지. 실제 빗방울의 지면 도달 속력은 크기에 따라 차이가 있지만 10m/s 이하로 매우 작아. 왜 그럴까?

　그 비밀은 바로 공기의 저항력에 있지. 빗방울이 떨어지면서 중력에 의해 가속되면 빗방울의 접촉면과 속력에 따라 공기의 저항이 커지고 곧 중력과 공기의 저항력은 힘의 평형을 이루게 돼. 이후 빗방울을 가속시키는 힘은 없는 것과 마찬가지가 되기 때문에 비의 속력은 변화가 없고이 순간 속도를 종단 속도라고 한다. 우리는 비가 와도 안전한 거지. 하지만 낭만을 즐기기엔 공기 오염이 너무 심해 비가 내릴 때 오염된 물질을 녹여 산성화가 되므로 대머리가 되기 싫다면 우산을 쓰고 다니는 것이 좋겠지!

▶ 공기의 저항이 없다면 비는 총알처럼 쏟아질 것이다.

힘이 작용하면 다양한 종류의 운동이 생긴다

◉ 빠르기가 변하는 운동

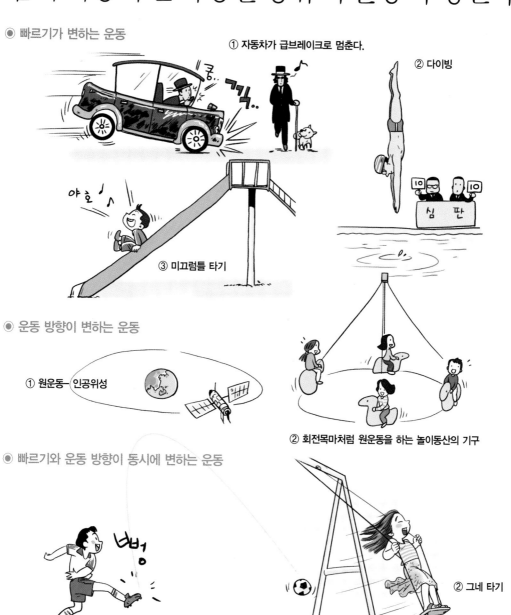

① 자동차가 급브레이크로 멈춘다.

② 다이빙

야호 ♪

③ 미끄럼틀 타기

◉ 운동 방향이 변하는 운동

① 원운동 – 인공위성

② 회전목마처럼 원운동을 하는 놀이동산의 기구

◉ 빠르기와 운동 방향이 동시에 변하는 운동

① 날아가는 축구공의 포물선 운동

② 그네 타기

5 chapter

빛과 파동

강옥경

01 거울과 안경은 어떤 점이 다른가요?

본다는 것은 무엇인가요?

그리스 로마 신화 중에서 자신의 아름다움에 감동하여 물에 빠져 죽은 나르시스 이야기 읽어 본 적 있지? 나르시스는 어떻게 자신의 모습을 보게 되었을까? 그래, 바로 물에 비춰 보았어. 우리도 매일 우리 자신의 멋진 모습을 보기 위해 거울에 비춰 보잖아.

거울로 내 모습을 본다는 것은 거울을 통해 빛이 내 눈에 들어온다는 말이야. 하지만 깜깜한 곳에서 거울을 보면 아무것도 보이지 않으니, 거울이 스스로 빛을 내고 있는 것은 아니겠네. 우리는 물체가 스스로 빛을 내지 않더라도 볼 수가 있어. 어떻게 가능하냐고? 그건, 물체가 주변의 빛을 받아 반사시키기 때문이지. 물체에 반사된 빛이 우리 눈을 자극하여 뇌에 전달되면 뇌가 컴퓨터처럼 정보를 분석하여 판단을 하는 거야.

그럼, 나를 비춰 주는 거울 이야기를 해 볼까?

거울을 통해 어떻게 나를 볼 수 있을까?

거울을 향해 빛을 비추어 보면 그림처럼 거울의 경계면에서 튕겨 나오는 것을 볼 수 있어. 이 현상이 '빛의 반사'야. 테니스공을 벽을 향해 던졌을 때 튕겨 나오는 것과 같은 원리지. 빛이 거울에 부딪힌

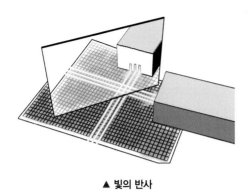

▲ 빛의 반사

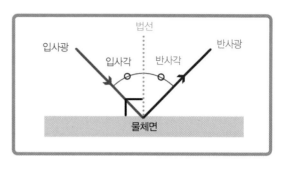

▲ 반사의 법칙

지점에 수직한 선인 '법선'을 그리고 이 선을 기준으로 하면 들어가는 빛인 '입사 광선'과 반사되어 나오는 빛인 '반사 광선'은 좌우 대칭이야. 즉, 입사각과 반사각이 같다는 말이지. 이 특징은 빛이 경계면에서 반사할 때 항상 성립하기 때문에 '반사의 법칙'이라고 해. 우리는 거울로 들어가는 빛을 보는 것이 아니고 나오는 빛을 보기 때문에 그 빛을 따라가면 거울 속에 나와 똑같은 물체가 있다고 착각하게 되는 거야.

그렇다면 아래 그림은 한 손일까? 양손일까? 한 손을 거울에 비춘 그림. 오호 대단한데? 이 그림은 바로 한 손을 거울에 딱 붙여 비춘 것이고 거울에 생긴 상은 완전히 좌우 대칭이지. 상이 좌우 대칭이 되는 이유는 거울에 비

▼ 거울에 비친 손

한 손일까? 양손일까?

친 빛이 반사의 법칙을 따르기 때문이야.

박물관에 가면 볼 수 있는 옛날 청동 거울은 금속판을 매끈하게 문질러 만들었단다. 이 청동 거울에는 내 모습이 비춰지는데 왜 벽이나 마루와 같은 물체에는 그렇지 않을까? 그것은 표면의 매끈함의 차이야. 울퉁불퉁한 면에 수십 개의 농구공을 비스듬히 던져 넣으면 튀는 방향이 제각각이지만 매끈한 면이라면 튕기는 방향도 비슷하겠지?

빛도 마찬가지야. 거울과 같은 매끈한 면에서는 반사된 빛이 같은 방향으로 '정반사' 되어 빛이 밝고 강해. 하지만 울퉁불퉁한 면에서는 여러 방향으로 제멋대로 '난반사' 되어 빛이 강하게 모이지 못해 흐려지지. 그래서 내 모습을 또렷하게 보지 못하는 거야. 대부분의 물체는 난반사를 해. 특정한 방향으로 빛이 들어와도 물체에 난반사된 빛은 여러 방향을 향하기 때문에 어느 방향에 있든 그 물체를 볼 수 있는 장점도 있어. 만약 거울처럼 정반사만 한다면 거울을

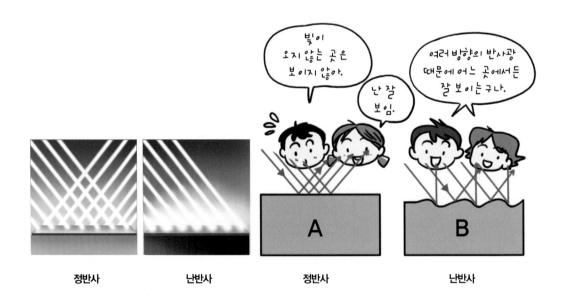

정반사   난반사   정반사   난반사

통해 물체를 볼 때처럼 특정한 방향에서만 그 물체를 볼 수 있게 되는 거란다.

모양을 바꾸는 거울도 있나요?

거울은 평면거울과 곡면거울이 있는데 중심부가 튀어나오면 볼록거울, 들어가면 오목거울이라고 해. 만약, 백설 공주에 나오는 요술 거울이 곡면거울이라면 백설공주도 자신의 모습에 놀라 도망갔겠지?

왜냐고? 숟가락을 들여다 봐. 어떤 방향으로 보느냐에 따라 오목거울*이 되기도 하고 볼록거울이 되기도 하니까. 어때, 너의 얼굴이 너무 놀랍게 변하지 않았니?

볼록거울   오목거울

오목거울

오목거울은 빛을 반사하여 중심부로 모으는 특징이 있어서 자동차 헤드라이트나 치과에서 치아를 비추는 거울로 주로 사용하고 있다. 하지만 오목거울에 비치는 모습은 거리에 따라 모양과 크기가 다양하고 주로 뒤집혀 보인다. 볼록거울은 똑바로 보이기는 하지만 항상 작아진 모습이 비춰진다. 이는 빛이 곡면 바깥쪽으로 퍼지기 때문이며 주변을 보는 범위가 넓다. 그래서 슈퍼마켓의 사각지대, 골목길의 반사경, 자동차의 사이드 미러가 볼록거울로 되어 있다.

이렇게 거울 종류에 따라 실제 모습과 다른 모습이 연출되기도 한단다. 거울을 적당히 배치하고 응용하면 우리는 여러 개의 내 모습을 만들 수도 있고, 내 뒷모습도 볼 수가 있어. 또한 잘록이, 길쭉이 등의 다양한 변신도 가능하단다.

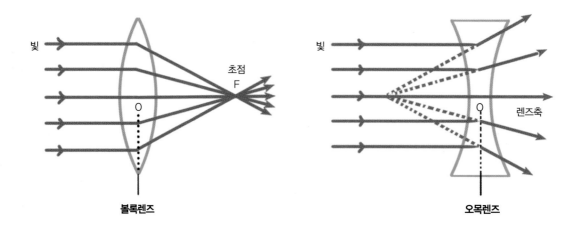

▲ 렌즈의 원리

눈이 나빠지면 어떻게 해야 하나요?

거울로 내 모습을 잘 보려고 해도 내가 눈이 나쁘면 자꾸만 거울을 가까이 들여다보잖아. 그런데 할아버지는 신문이 안 보인다면서 우리와는 달리 신문을 눈에서 멀리 두고 보시지. 가까운 것이 잘 보이는 눈은 '근시', 먼 것이 잘 보이는 눈은 '원시'야.

눈이 나빠지면 보다 잘 보려고 안경을 이용하여 교정을 하잖아. 안경은 빛이 통과하는 유리나 플라스틱으로 만들어져 있어. 이것을 렌즈라고 하는데 우리가 주로 쓰는 안경은 만져 보면 중심부가 얇은 '오목렌즈'로 되어 있고, 할아버지 안경은 돋보기 같이 중심부가 볼록한 '볼록렌즈'로 되어 있지.

그럼, 렌즈의 원리는 무엇일까?

볼록렌즈와 오목렌즈의 차이는 무엇인가요?

컵 속에 동전을 넣은 후, 보이지 않을 거리에 서 있고 다른 사람이 물을 천천히 부으면 보이지 않던 동전이 점점 떠 보이게 되잖아. 이 현상은 빛의 굴절때문에 나타나. 빛이 공기에서 물속으로 들어가거나 나올 때 굴절되듯이 렌즈를 통과할 때도 그 경로가 꺾여 굴절이 돼. 빛은 굴절의 법칙을 따르기 때문에 렌즈의 두꺼운 쪽으로 굴절이 되거든. 그래서 볼록렌즈는 오목거울처럼 빛을 중심부로 모으는 역할을 하고, 오목렌즈는 볼록거울처럼 빛을 퍼지게 하는 역할을 하게 되지.

빛의 굴절

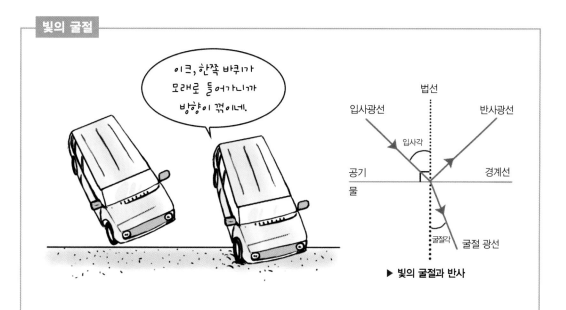

▶ **빛의 굴절과 반사**

공기 중을 직진하던 빛이 물을 만나면 그 경계면에서 일부는 반사하고 일부는 들어간다. 공기에서 물로 들어가는 빛은 경로가 꺾이게 되는데 이를 '빛의 굴절'이라 한다.

달리던 자동차가 아스팔트에서 갑자기 모래로 된 길로 들어갈 때 두 바퀴의 속도 차이로 방향이 꺾이듯이, 빛도 서로 다른 성질의 물질을 지날 때 속도의 차이로 진행 방향이 꺾인다. 이로 인해 굴절 현상이 나타나는데 공기에서 물로 진행하면 빛의 속도가 느려지기 때문에 입사각보다 굴절각이 작은 쪽으로 굴절이 된다. 빛이 서로 다른 물질의 경계면에서 굴절되는 정도를 나타낸 값이 굴절률이다. 공기를 1이라 했을 때 물의 굴절률은 1.33, 유리는 1.5 정도가 된다.

근시와 원시는 왜 서로 다른 안경을 써야 하나요?

우리가 물체를 정확히 보려면 망막에 상물체의 모습이 정확히 맺혀야 돼. 그런데 우리 눈에도 렌즈가 하나 있다는 것을 알고 있니? 검게 보이는 눈동자 중심부에 수정체가 있는데 그게 바로 렌즈 역할을 해. 정상적인 눈은 수정체를 통과한 빛을 망막에 상을 선명하게 맺게 해. 하지만 근시의 눈은 망막 앞에 상이 생기고 원시의 눈은 망막 뒤에 상이 생겨.

근시는 상이 생기는 위치를 좀 뒤로 밀어야 잘 보이겠지? 그럼 어떤 렌즈가 좋을까? 그래, 수정체로 들어오는 빛을 약간 퍼지게 해주는 오목렌즈를 사용하는 것이 좋겠지? 그렇다면 원시는 상의 위치를 조금 앞으로 당겨야 하니까 수정체로 들어오는 빛을 모아 주는 볼록렌즈를 사용해야 되겠구나.

또한 렌즈는 두께에 따라 빛이 꺾이는 정도가 달라지기 때문에 시력에 따라 렌즈의 두께가 달라지는 거야. 거기다 렌즈의 특성상 오목렌즈로 된 안경을 쓰면 눈이 좀 작게 보이고, 볼록렌즈인 돋보

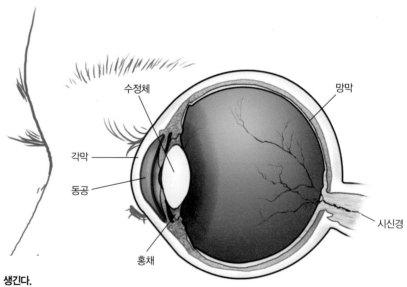

▶ **정상적인 눈은 망막에 상이 생긴다.**

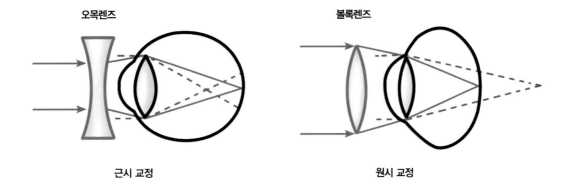

오목렌즈

볼록렌즈

근시 교정

원시 교정

기안경은 눈이 좀 커 보이게 된단다. 안경을 벗으면 눈이 달라 보이는 이유가 여기 있겠지.

이처럼 우리 모습을 비추는 거울은 '빛의 반사'를 이용한 도구이고, 선명하게 사물을 잘 보이게 하는 안경 렌즈는 '빛의 굴절'을 이용하여 만든 도구란다. 거울과 렌즈를 적절히 잘 이용하여 멀리 있는 우주를 관찰하는 망원경을 만들기도 하고, 아주 작은 세포나 짚신벌레를 관찰하는 현미경을 만들기도 해.

전반사를 이용한 도구는 무엇이 있을까?

물에서 공기 중으로 빛이 진행한다고 생각해 봐. 속도가 느린 물에서 공기 중으로 빛이 빠져나가면 속도가 빨라지니까 빛은 경계면 쪽으로 더 많이 굴절되겠지. 그럼 입사각보다 굴절각이 더 크다는 말이잖아. 만약 입사각을 점점 증가시킨다면 굴절각이 90도가 되는 순간이 생길 거야. 이때 입사각을 '임계각'이라고 하는데 물은 약 49도 정도 돼. 이 임계각보다 더 큰 입사각으로 빛이 진행하면 빛의 굴절각이 90도를 넘어서야 하니까 결국 모두 반사되겠지. 이를 '전반사'라고 해. 거울도 100퍼센트 빛을 반사하지 못하고, 대부분의 물체는 반사와 굴절이 동시에 일어나. 전반사는 아주 특별한 순간이지.

전반사는 빛의 속도가 느린 물체에서 빠른 물체로 진행할 때 나타나는데 이 원리를 이용하여 만든 것이 통신용 광섬유야. 수십 마이크로미터 ㎛ 굵기의 유리나 플라스틱을 실처럼 길게 뽑은 광섬유에 빛의 전반사가 일어나도록 해서 많은 양의 정보를 광속으로 정확하게 실어 나르는 거지. 에너지 손실이 거의 없어. 인터넷 광고에서 광속으로 어쩌고저쩌고 하면서 속도가 매우 빠르다는 것을 선전하는 걸 본 적 있지? 바로 이 광섬유를 이용한 거야.

또 광섬유를 이용해서 수술을 하지 않고도 우리 몸속을 들여다보는 내시경이라는 의료 장치도 만들어. 위가 아플 때 광섬유 케이블을 환자의 입을 통해 위 안에 넣고 빛을 비추면 광섬유를 따라 빛이 전반사되어 위 안으로 전해져. 그 빛을 위 내부에서 다시 반사하면 다른 케이블로 받아. 이 케이블을 모니터에 연결하면 우리 위 속을 들여다볼 수 있게 되는 거야. 우리 위 속으로 전구가 달린 케이블을 넣는 것이 아니란다.

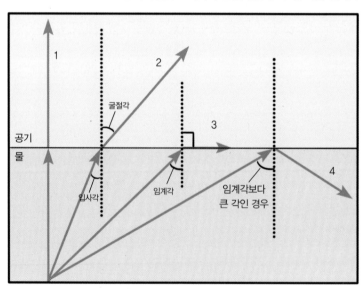

▶ 전반사

빛의 반사와 굴절

상식 1

방 한쪽 벽에 거울을 설치하면 방이 훨씬 커 보이는 효과가 있다. 이는 빛의 반사를 이용한 것이다.

상식 2

빛의 굴절 때문에 물의 깊이가 얕게 느껴지므로 계곡에서 놀 때 주의해야 한다.

상식 3

볼록렌즈를 이용하면 빛이 굴절되어 한 점에 모이므로 불을 피울 수 있다.

02 다양한 색깔은 어떻게 만들어지나요?

무지개를 만들어요

맑은 여름날 소나기가 오고 나면 가끔씩 멋진 무지개가 하늘에 걸리는 것을 본 적이 있을 거야. 꼭 비가 오지 않더라도 햇빛 좋은 날 분수나 폭포 근처에 가도 볼 수 있어.

멀리 가기 힘들 땐 우리가 쉽게 무지개를 만들 수도 있단다. 친구

들과 운동장에 나가 햇빛을 등지고 선 다음 적당한 높이에서 물이
든 분무기를 뿜으면 자연이 만들어 내는 멋진 모습은 아닐지라도
무지개를 볼 수가 있어. 그런데 색깔이 없는 햇빛이 어떻게 다양한
색깔 띠의 무지개를 만들 수 있을까?

무지개는 왜 여러 가지 색깔*로 이루어져 있나요?

옛날부터 사람들은 무지개를 비롯해 붉게 물든 저녁노을, 파란
하늘처럼 다양한 색깔은 왜 나타나는지 몹시 궁금해했대. 아리스토
텔레스는 빛과 어두움이 적절히 혼합되어 빛에 물방울의 그림자가
덜 섞이면 빨간색, 어두움이 많이 섞이면 파란색이라고 설명을 했
어. 이 생각이 17세기 중엽까지 유럽 사회를 지배했지. 하지만 뉴턴
이 아래 그림처럼 창문을 통해 들어오는 가느다란 빛줄기를 프리즘*
에 통과시켰대. 프리즘을 통과한 빛이 여러 가지 색깔로 나누어지
는 것을 보고 뉴턴은 빛은 서로 다른 색깔의 빛이 혼합되어 있다고
생각했어.

무지개
무지개의 색을 7가지로 정한 사
람은 뉴턴이다. 기독교의 영향을
받은 서양에서는 7을 행운의 숫
자로 여기는데 빛의 성질을 연구
하던 뉴턴도 무지개의 아름다운
색깔을 지을 때 영향을 받았다고
전해진다. 우리나라는 과거 오색
무지개라 했으며 나라마다 보는
색의 수는 다르다.

프리즘
유리나 투명 플라스틱으로 만든
삼각기둥. 빛을 굴절시켜 여러
가지 색으로 분산시킨다.

◀ **빛의 분산**

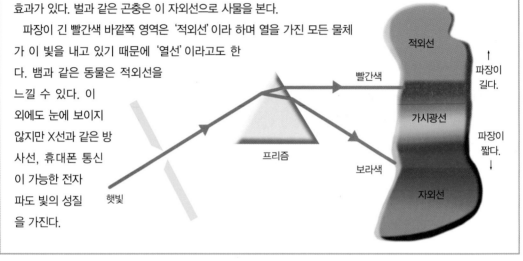

빛의 스펙트럼

빛이 분산되어 생기는 무지개 띠를 스펙트럼이라고 한다. 우리 눈에는 무지개 색깔만 보이는데, 눈에 보이는 빛을 '가시광선'이라 부른다. 무지개 색깔 바깥 영역은 사람 눈으로 볼 수 없는 다양한 빛이 존재한다. 파장이 짧은 보라색 바깥쪽 영역은 '자외선'이라고 하며 에너지가 강해서 살균 효과가 있다. 벌과 같은 곤충은 이 자외선으로 사물을 본다.

파장이 긴 빨간색 바깥쪽 영역은 '적외선'이라 하며 열을 가진 모든 물체가 이 빛을 내고 있기 때문에 '열선'이라고도 한다. 뱀과 같은 동물은 적외선을 느낄 수 있다. 이 외에도 눈에 보이지 않지만 X선과 같은 방사선, 휴대폰 통신이 가능한 전자파도 빛의 성질을 가진다.

적외선

파장이 길다.

빨간색

가시광선

파장이 짧다.

프리즘

보라색

햇빛

자외선

뉴턴 이후 빛에 대해 더 많은 정보를 얻었는데 빛은 사람 눈에 보이는 빛도 있지만 곤충에게만 보이거나 아예 보이지 않는 빛도 있어. 우리가 흔히 빛이라고 할 땐 보이는 빛인 '가시광선'에 대해 말하는 거야.

좀 전에 프리즘을 통과한 빛이 다양한 무지개 색깔로 나누어진다고 했지? 그런데 프리즘을 통과한 빛은 왜 여러 가지 색깔로 나누어질까? 그것은 빛의 색깔마다 파장이 다르기 때문이야. 파장*이 짧을수록 많이 꺾여 굴절되는데, 빨간색에서 보라색 쪽으로 갈수록 파장이 짧아지기 때문에 많이 꺾여. 이렇게 프리즘을 통과한 햇빛이 파장에 따른 굴절의 차이로 여러 가지 색깔의 띠로 나누어지는 현상을 '빛의 분산'이라고 해.

파장
파동의 마루와 마루 사이의 거리. 마루란 바닷가에 일렁거리면서 생기는 파도의 가장 높은 지점을 가리키고, 파장은 연이은 마루와 마루 사이의 거리를 나타낸다.

무지개도 프리즘 역할을 하는 물방울을 통과한 빛이 물방울 내부로 굴절되고 내부에서 다시 전반사되어 나오는 과정에서 여러 가지 색깔로 분산되어 나타난거야. 자연이라는 화가가 공중에 그려 놓은 아름다운 그림인 거지.

다양한 색깔의 빛을 만들 수 있을까요?

무지개의 빛을 다시 모으면 어떤 색깔의 빛이 될까? 무지개의 빛을 모으려면 분산과 반대 과정으로 프리즘을 통과시켜 보면 되겠지? 오호, 다시 색깔이 없는 백색의 밝은 햇빛이 되었네.

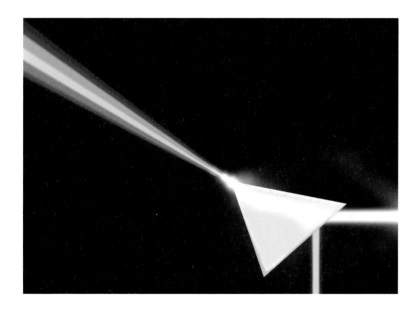

◀ 빛의 합성

이렇게 무지개의 빛을 다시 모아 백색광을 만들거나 분산된 두 가지 이상의 색깔 빛을 모아 다른 색깔의 빛으로 보이게 하는 것을 '빛의 합성'이라고 해. 우리가 사는 세상의 다양한 색깔은 여러 가지 빛의 합성으로 얻어진다고 해도 되지.

그렇다면 다양한 색깔의 빛을 만들 수 있는 기본 색이 있을까? 뭔

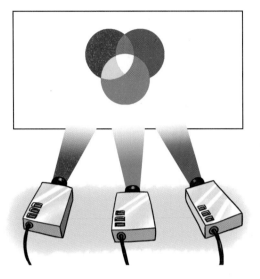
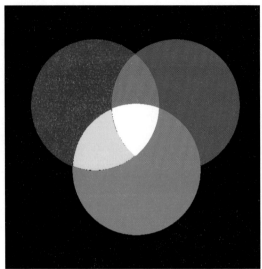

▲ 빛의 삼원색

삼원색
빛의 삼원색(RGB)과 물감을 이루
는 색의 삼원색(CMY)은 차이가
난다. 색의 삼원색은 하늘색
Cyan, 다홍색Magenta, 노란색
Yellow이며 물감은 세 가지 색
을 섞으면 검은색이 된다.

가 있을 것 같은 느낌이 드는가 보구나. 물론 있지. 무슨 색이냐고?
바로 빨강Red, 초록Green, 파랑Blue이야. 이를 빛의 삼원색RGB*
이라고 하는데 우리가 만나는 다양한 색깔은 이 세 가지 색의 빛으
로 모두 만들어 낼 수 있고, 이 세 가지 색이 골고루 합해지면 백색
광이 된단다. 만약, 빛의 삼원색을 두 가지씩 같은 비율로 합성하면
어떻게 되느냐고? 바로 위와 같은 색이 연출이 돼. 어때 예쁘지?

다양한 색깔의 조명이 비치는 무대에서 우리를 열광하게 하는 빅
뱅이나 동방신기의 화려하고 멋진 공연도 바로 빛의 합성이 큰 역
할을 하는 거야. 조명 없는 무대를 한번 상상해 봐. 밋밋하지 않겠
어?

아주 화려한 색깔을 내는 컴퓨터 모니터, TV, 디지털카메라도 자
세히 보면 바로 이 '빛의 삼원색'의 화소*로 이루어져 있어. 이들이
어떤 비율로 만나느냐에 따라 다양한 색깔의 그림이 만들어지는 거
지. 그래서 디지털 카메라의 성능을 이야기할 때 몇 화소인지를 알

화소
픽셀(pixel)이라고도 한다. 디지털
텔레비전, 디지털카메라 등에서
색을 표현할 수 있는 가장 작은
점 하나이다.

▲ 컴퓨터 모니터나 디지털 카메라로 찍은 사진이 매끈하고 연속적인 그림처럼 보이지만 확대하면 3원색의 화소로 되어 있다.

려 주는 거야. 화소가 많을수록 더 정교한 색이 얻어지니까. 이 원리를 응용한 그림도 있어. 쇠라가 그린 〈서커스〉나 〈그랑드 자트 섬의 일요일 오후〉라는 점묘화야.

◀ 쇠라의
〈그랑드 자트 섬의 일요일 오후〉

예를 들어 보라색을 칠할 때 보라색을 칠하는 것이 아니라 빨간색 점과 파란색 점을 촘촘히 찍어 우리 눈의 착각으로 보라색으로 보이게 하는 거지. 그런데 이렇게 두 가지 이상의 색깔을 가까이 섞어 두면 구별이 안 되는 사람이 있어. 이런 사람을 '색맹'이라고 해.

우리 눈이 색깔을 알아차리는 것은 망막에 있는 원추세포라는 신경세포야. 이 원추세포는 빨간색, 파란색, 초록색에 민감한 세포로 되어 있는데 이세포가 고장이 나면 일부의 색을 구별하지 못하거나 세상을 회색으로 보아야 하는 거란다.

이처럼 우리가 본다는 것은 빛과 밀접한 관계가 있지만 눈이 없다면 아름다운 이 세상도 아무런 의미가 없겠지?

빨간 장미와 초록의 나뭇잎 색깔이 다른 이유는 무엇인가요?

사랑을 고백하는 빨간 장미, 싱그러운 초록의 나뭇잎, 파란 하늘, 노란 병아리 등 같은 햇빛을 받아도 왜 서로의 색깔은 다른 걸까? 옛날 사람들은 물체마다 자신의 고유한 색깔을 가지고 있기 때문이라고 했어. 하지만 뉴턴이 빛은 여러 가지 색깔이 혼합된 것이라는 것을 밝힌 이후로 사람들의 생각은 바뀌었지. 색깔은 물체가 가지고 있는 것이 아니라 바로 빛으로 인해 나타나는 거라고.

우리가 장미를 볼 수 있는 이유는 빛이 반사되기 때문이라고 했지? 만약 장미가 햇빛을 모두 반사했다면 흰색, 모두 흡수하였다면 우리 눈에 아무 빛도 들어오지 않으니까 검은 색으로 나타날 거야. 그런데 햇빛을 받아 장미가 빨간색으로 보이는 이유는 뭘까? 알듯 말듯 하지? 그건, 장미가 햇빛을 이루는 다른 색깔의 빛은 모두 흡수하고 빨간 빛

뭐야!

왜 우릴 싫어하는 거냐고….

만 반사했기 때문이야.

그걸 어떻게 알 수 있느냐고? 깜깜한 방에서 햇빛이 아닌 빨간 빛만 비춰 봐. 무슨 색깔의 장미로 보일까? 맞아, 장미는 빨간색 그대로 보여. 그럼 초록이나 파란 빛을 비추면 장미의 색깔은? 그래, 검은색이야. 깜깜한 방에서 장미를 찾을 수 없다는 말이지. 왜일까? 빨간 장미는 빨간 빛만 반사하는데 다른 빛을 비추면 모두 흡수해 버려서 우리 눈에는 아무 빛도 들어오는 것이 없기 때문이지.

이처럼 초록의 나뭇잎은 햇빛을 받아 초록색을 주로 반사하고, 노란 병아리 털은 주로 노란색을 반사하여 눈으로 보내는 거야. 그래서 우리는 다양한 색깔을 가진 물체가 있다고 느끼는 거란다. 하지만 실제론 빨간 장미가 완벽하게 빨간색만 반사하는 것이 아니기 때문에 다른 색깔의 조명을 받으면 완전히 검은색이 되진 않아. 그리고 빨간 장미도 햇빛이 아닌 백열등, 형광등, 네온등과 같이 다른 조명을 받으면 다른 느낌의 색깔로 변해. 그래서 옷 가게의 인공 조명, 정육점 진열대의 붉은빛 조명은 사물의 고유한 색깔보다 더 나은 느낌의 색을 유도하기 위한 수단이 되는 거지.

이렇게 다양한 색깔은 그 물체가 자신의 고유한 색깔 빛은 반사하고 다른 색깔 빛은 흡수하기 때문에 나타난다고 할 수 있어.

하늘은 왜 푸른색인가요?

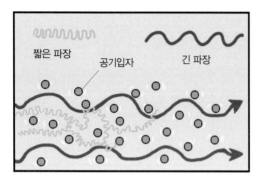

짧은 파장   공기입자   긴 파장

▲ 빛의 산란

가을의 대명사는 높고 푸른 하늘이라고 할 수 있어. 하늘은 왜 푸르게 보일까?

태양에서 지구로 들어온 햇빛은 지구를 둘러싼 공기 입자와 충돌해. 공기 입자는 햇빛을 받아 진동을 하게 되고 진동하는 공기 입자는 사방으로 종소리가 울려 퍼지듯이 다시 그 빛을 내보내게 되거든. 이 현상을 '빛의 산란' 이라고 한단다.

공기처럼 작은 입자는 파장이 짧을수록 산란이 잘 돼. 그런데 파장이 짧은 보라색보다 푸른색이 우리 눈에 더 민감하기 때문에 하늘은 푸르게 보인단다. 하지만 입자가 큰 먼지나 수증기가 많으면 모든 파장의 빛이 산란이 잘 일어나. 그래서 먼지가 많고 흐린 날은 하늘이 희뿌옇고, 비가 온 뒤 맑은 날은 유난히 하늘이 파랗게 보이는 거지.

만약, 달에 가서 하늘을 본다면 무슨 색일까? 하하, 태양만 화려하게 빛나고 그 배경은 검은 하늘에 별만 총총하겠지. 왜냐고? 그야, 달에는 대기가 없으니까 빛의 산란이 일어나지 않잖아.

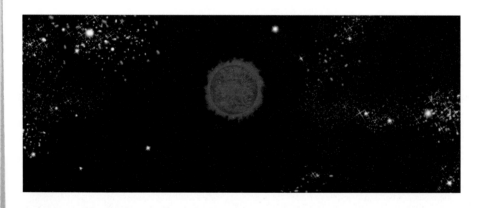

빛의 분산과 합성

하나의 물방울에서 분산된 색은 모두 우리 눈에 들어오지 않는다. 그림처럼 약 42° 방향의 색깔 빛만 눈에 들어올 수 있기 때문에 각각의 물방울이 떠 있는 위치에 따라 우리 눈에 들어오는 색깔은 다르다. 비행기를 타고 하늘 높은 곳에서 무지개를 보면 지상에서 보는 것과 달리 원 모양임을 알 수 있다.

◉ 빛의 분산

◉ 빛의 합성

목소리 구별은 어떻게 가능한 거죠?

소리는 왜 생기나요?

콘서트나 큰 공연장에 가 본 적이 있니? 유명한 공연이라면 일찍 가서 기다려야 좋은 자리를 얻을 수 있잖아. 만약 운이 없으면 무대가 잘 보이지 않는 자리뿐이니까. 조금이라도 무대 가까이 가고 싶어 기웃거리다가 친구 목소리가 파묻힐 정도로 큰 소리가 나는 스피커 옆에 서게 되면 온몸이 스피커 소리에 맞춰 떨리게 되지.

소리가 나는 스피커에 가벼운 팝콘이나 스티로폼을 올려놓으면 소리에 맞춰 진동하는 것을 볼 수 있어. 우리가 소리를 내려면 무엇인가를 진동시켜야 한다는 거지. 목소리를 낼 때 목에 손을 대면 떨림이 느껴지잖아. 이처럼 소리는 물체의 진동에 의해 생겨. 또 공기 흐름이나 압력의 변화에 의해서 생기기도 해.

소리는 어떻게 전달되는 걸까요?

스피커의 소리에 맞춰 내 몸이 떨리듯이 스피커의 진동으로 발생한 소리를 듣기 위해서는 스피커와 귀 사이에 소리를 전달해 주는 물질이 필요해. 스피커와 귀 사이에 무슨 물질이 있을까? 그렇지, 공기야. 만약 공기가 없는 유리병 속에 종을 넣고 흔들어 주면 종소리는 들리지 않아. 소리를 듣기 위해서는 종의 진동을 공기가 전달

하고 우리 귓속의 고막을 흔들어야 돼. 고막의 흔들림을 청신경이 뇌로 전달해 줘야 소리를 듣고 구별할 수 있는 거지.

그럼, 물속에서 멋있게 춤을 추는 수중 발레 선수들은 음악 소리를 듣지 못하겠네. 그런데 어떻게 동작이 틀리지 않는 걸까? 살짝 귀띔해 주면 물속에도 스피커가 있다는 사실. 그렇다면 공기만 소리를 전달하는 것이 아니라는 말이네. 물론이지! 물과 같은 액체, 철과 같은 고체도 소리를 잘 전달해. 소리가 전달되는 속도는 고체가 가장 빠르고, 그 다음이 액체, 기체가 가장 느려. 철봉에 귀를 대고 두드려 봐. 아주 크게 잘 들리지.* 이처럼 소리가 전달되기 위해서는 공기, 물, 철과 같이 소리를 전달해 주는 물질이 필요한데 이를 '매질'이라고 해.

그럼, 소리는 어떤 성질을 가지고 있는 걸까? 소리를 '음파'라 하기도 하는데 '음音'은 소리라는 뜻. 그럼 '파波'라는 말이 소리의 성질을 알려 줄 힌트겠지? 음파, 전자기파 또는 전파, 지진파, 물결파, 초음파처럼 '파'로 끝나면 모두 파동이라는 공통된 성질이 있단다. 비록 '파'라는 말이 붙지는 않지만 방사선, 빛도 파동의 성질이 있어.

소리의 전달 속도 비교

물질 (15℃)	1초 동안 진행한 거리	공기와의 비교
공기	340m	1.0배
물	1500m	4.4배
나무	4300m	12.6배
철	5200m	15.3배

파동은 무엇이며 어떤 종류가 있나요?

갑자기 낯선 말이 등장하니까 당황스럽지! 파동이란 말이 낯서니까 파동의 성질을 가진 소리를 예로 들어 볼게. 소리가 만들어지려면 물체가 진동을 해야 한다고 했지? 자, '아~'하고 소리를 내 봐. 목의 성대가 떨려. 소리가 발생한 성대를 파동이 발생한 곳, '파원'

이라고 불러. 이 성대의 떨림을 공기와 같은 매질이 전달받아.

그럼, 내 목소리 진동을 받은 입안의 공기가 다른 사람 귀까지 직접 가서 그 진동을 전하는 걸까? 아니, 공기들은 제자리에 있어. 소리가 들리는 것은 마치 도미노 게임과 같아. 도미노는 제자리에서 쓰러지기만 하고 이 쓰러짐을 옆에 있는 도미노로 전달하는 것처럼 공기도 제자리에서 진동만 하고 옆의 공기는 진동만 전달받는 거야.

즉, 진동이 발생하면 매질이 직접 움직여 진동을 전달하는 것이 아니고, 매질은 제자리에서 진동하면서 그 진동할 수 있는 능력만 전달하여 사방으로 멀리 퍼지게 하는 거야. 이 현상을 '파동*'이라고 한단다.

파동
매질이 없어도 전달이 가능한 파동이 있다. 빛이나 라디오파와 같은 전자기파가 이에 속한다.

파동이 발생하여 진행할 때 진동하는 매질의 움직임과 파동의 전달 방향을 살펴보면 크게 두 가지야. 아래 그림처럼 빨간 리본이 묶인 용수철의 움직임을 잘 생각해 봐. 긴 용수철을 아래위로 흔들어 주면 용수철은 아래위로 진동만 하고, 흔들림의 파동은 옆으로 전

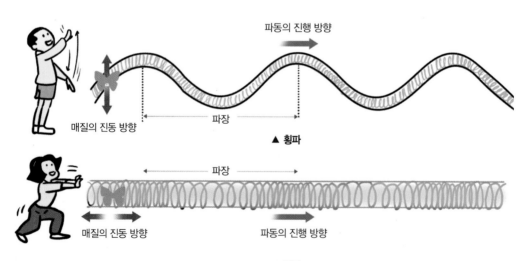

파동의 진행 방향

매질의 진동 방향

파장

▲ 횡파

파장

매질의 진동 방향

파동의 진행 방향

▲ 종파

달돼. 매질인 용수철의 진동 방향과 파동의 진행 방향이 서로 수직하지? 하지만 용수철을 옆으로 밀어 주면 빽빽하게 몰렸다 말았다 하는 용수철의 진동 방향과 파동이 전달되는 방향이 옆으로 나란해. 이처럼 용수철과 같은 매질이 진동하는 방향과 파동이 전달되는 방향이 서로 수직하면 '횡파', 나란하면 '종파'라고 하지. 소리, 지진파의 P파는 종파에 속하고, 파도와 같은 물결파, 지진파의 S파, 전자기파 등은 횡파에 속해. 종파는 지렁이가 기어가는 것과 같고, 횡파는 뱀이 기어가는 모양과 비슷하단다.

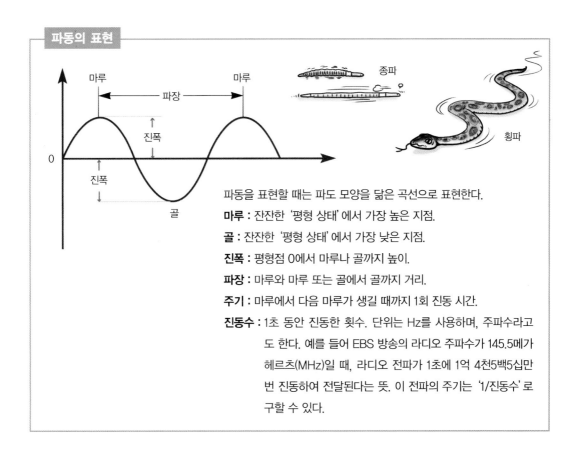

파동의 표현

파동을 표현할 때는 파도 모양을 닮은 곡선으로 표현한다.

마루 : 잔잔한 '평형 상태'에서 가장 높은 지점.

골 : 잔잔한 '평형 상태'에서 가장 낮은 지점.

진폭 : 평형점 0에서 마루나 골까지 높이.

파장 : 마루와 마루 또는 골에서 골까지 거리.

주기 : 마루에서 다음 마루가 생길 때까지 1회 진동 시간.

진동수 : 1초 동안 진동한 횟수. 단위는 Hz를 사용하며, 주파수라고도 한다. 예를 들어 EBS 방송의 라디오 주파수가 145.5메가헤르츠(MHz)일 때, 라디오 전파가 1초에 1억 4천5백5십만 번 진동하여 전달된다는 뜻. 이 전파의 주기는 '1/진동수'로 구할 수 있다.

목소리는 어떻게 구별이 가능한가요?

사람은 저마다 지문이 달라. 그럼, 이런 이야기는 들어 보았나? 목소리에도 지문이 있다는 거. 사람의 목소리를 분석하면 그 사람의 나이, 성별, 키, 몸무게 등을 알 수 있기 때문에 경찰이 범인을 잡을 때 이용하기도 하잖아. 우리도 목소리만 듣고 남자인지 여자인지 정도는 구분을 할 수 있어.

그럼 남녀의 목소리는 무엇이 다른 걸까? 합창을 할 때 고음의 소프라노는 여자, 저음의 베이스는 남자야. 악기도 고음과 저음을 자유롭게 연주할 수 있어. 고음과 저음의 구별은 소리라는 파동의 진동수로 한단다. 고음으로 갈수록 진동수가 점점 많아져. 여자 목소리가 고음의 소프라노인 이유는 남자보다 진동수가 많기 때문이지.[*]

여자인 내가 모기만 한 목소리로 속삭일 때와 멀리 있는 친구를 큰 목소리로 부를 때 무엇이 다를까? 그건, 파도의 높이에 해당하는 소리의 진폭이 달라. 태풍이 몰아칠 때 파도가 높아지듯이 내가 에너지를 많이 쓰면 소리의 진폭이 커져 목소리가 커지는 거란다. 하지만 진동수에는 큰 변화가 없어. 또한 같은 소리를 내더라도 파동 모양의 거칠기에 따라 목소리의 음색인 '소리의 맵시'가 달라져. 소리의 맵시로 사람을 구별하거나 악기의 종류를 구별할 수 있지. 결국 진동수, 파의 모양, 진폭으로 구성된 소리의 3요소가 사람의 목소리를 비롯한 모든 소리를 구별하는 기준이 되는 거란다.

진동수
성인인 경우 평균적으로 남자 목소리의 진동수는 130헤르츠(Hz), 여자 목소리의 진동수는 205헤르츠 정도이다

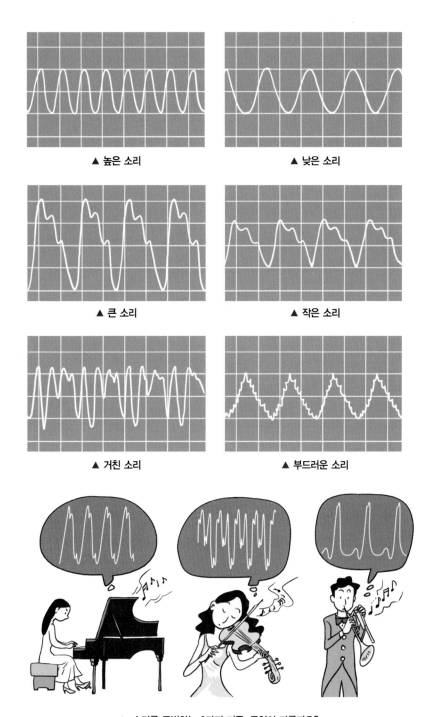

▲ 높은 소리 ▲ 낮은 소리

▲ 큰 소리 ▲ 작은 소리

▲ 거친 소리 ▲ 부드러운 소리

▶ 소리를 구별하는 3가지 기준, 무엇이 다를까요?

초음파로 배 속의 아기를
어떻게 볼 수 있나요?

▲ 어군 탐지기

▲ 초음파

▲ 스피드건

엄마가 아기를 가지게 되면 열 달 동안 배 속에서 건강하게 잘 자라고 있는지 많이 궁금해하고 걱정하는 것은 당연한 이야기지. 그래서 병원에 가면 아기 상태를 알아보기 위해 초음파를 찍어 보잖아. 어떻게 아기 사진을 찍을 수 있는 걸까?

바다에서 파도가 칠 때 보면 해안으로 올수록 파도의 방향이 바뀌는 것을 볼 수 있어. 해안으로 올수록 얕아지기 때문에 파도의 속도가 느려져 경로가 꺾이는 거야. 또는 세숫대야에 물결을 만들면 세숫대야 가장자리에 부딪혔다가 되돌아오는 것을 볼 수도 있어. 파동도 빛처럼 경계면에서 반사나 굴절이 일어난다는 증거지.

엄마 배 속으로 초음파를 보내면 배 속에 있는 물질의 상태에 따라 반사와 굴절이 일어나고 이 정보를 기계가 받아 들여서 영상으로 만들어 내는 거야. 그럼, 아기의 건강 상태나 움직임을 엄마가 볼 수 있게 되는 거지. 이와 같은 원리를 이용하여 고기잡이를 할 때 어군 탐지기라는 기계를 사용해서 물고기 무리의 위치를 알아낸단다. 스피드건이나 레이더를 이용한 비행기 위치 추적도 파동의 굴절과 반사의 원리를 이용한 거야.

소리의 전달과 구별

- 소리는 매질을 통해 전달되는 파동이다.
- 파동의 진폭, 진동수, 파형에 따라 소리의 크기, 높이, 맵시가 달라지므로 사람과 악기를 구별할 수 있다.
- 파동도 반사와 굴절의 법칙을 따른다.

6 chapter

전기

강옥경

전기적 성질은 왜 생기나요?

전기는 어떻게 알게 되었을까요?

천둥 번개가 치고, 겨울에 옷을 입고 벗을 때 빠지직~ 충격을 받고, 문지른 풍선에 머리카락이 달라붙는 전기 현상을 본 적 있지? 전기 발견에 대한 기록은 기원전 약 600년 그리스의 탈레스*라는 철학자가 우연히 보석용 광물인 호박을 문질렀더니 가벼운 물체를 끌어당기는 것을 보고 신기하게 여겼다는 것에서 시작이 돼. 당시엔 이 현상을 제대로 설명하지 못한 채 세월은 흘렀고, 16세기 말에 와서야 다시 본격적인 전기 연구가 시작되었어. 하지만 전기의 정체를 알게 된 것은 불과 100여 년 정도밖에 안 돼.

전기를 띤 유리나 플라스틱을 얻으려면 탈레스처럼 물체를 마찰시키면 돼. 이렇게 생긴 전기는 '마찰전기' 또는 '정전기'라고 하고, 물체가 전기적 성질을 갖게 되면 '대전'되었다고 해. 전기를 띤 물체는 '대전체'라고 하면 돼.

전기는 (+)와 (−) 두 가지 성질이 있어. 두 물체를 마찰하면 약속한 듯이 사이좋게 하나는 (+), 다른 하나는 (−)가 되어 서로를 끌어 당겨. (+)(+), (−)(−)처럼 두 물체가 같은 성질일 땐 어떻게 하느냐고? 미련 없이 밀어 버리지. 전기력은 같은 성질끼리 미는 반발력으로, 다른 성질은 끄는 인력으로 작용하여 다양한 전기 현상을 만들어 내고 있단다.

탈레스(?~?)
자연 현상을 단순화하여 그 자체 안에서 원인을 탐구한 자연 철학자. 만물의 근원은 물이라고 주장했다.

마찰하면 왜 전기가 생길까요?

마찰시키면 왜 전기가 생기는 건지 궁금하지? 물체를 이루는 가장 작은 알갱이를 뭐라고 했더라? 오호, 기억하고 있네. 그래, 원자야. 원자는 (+) 전기를 띤 핵과 (−) 전기를 띤 전자로 되어 있다고 했었지.

▲ 전기력

보통의 경우 핵과 전자가 가지는 (+)와 (−)의 전기량은 서로 같아서 원자는 중성이야. 그런데 전자는 핵에 비해 엄청나게 질량이 작아. 거의 1/1800 정도 수준이야.

두 물체를 마찰시키면 열에너지가 생기지? 이 에너지 덕분에 핵과의 전기력을 이기고 전자가 떨어져 나가게 되지. 두 물체를 마찰하면 물체의 성질에 따라 한쪽은 떨어져 나간 전자를 잘 잃어버리고, 다른 쪽은 그 전자를 잘 얻어 가.

덕분에 전자를 잃어버린 쪽은 (+) 전기가 더 많고, 전자를 얻은 쪽은 (−) 전기가 더 많아져 각각 (+)와 (−)의 성질을 띠는 대전체가 되

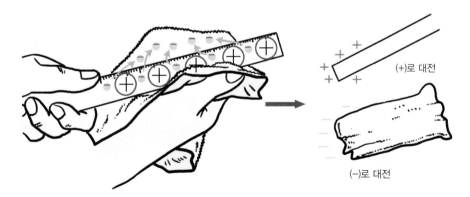

(+)로 대전

(−)로 대전

▲ 마찰시키면 전기를 띠는 이유

는 거지. 원자핵이 움직이는 경우도 있느냐고? 아니, 원자핵은 너무 질량이 커서 움직이기 힘들어. 마찰 전기가 생기는 이유는 바로 전자의 이동 때문에 가능한 거야. 마찰 전기뿐만 아니고 우리가 사용하는 모든 전기 제품의 탄생과 전기 현상은 바로 이 전자의 이동이 이룬 결과라고 해도 될 만큼 아주 특별한 녀석이야.

모든 물체는 마찰로 대전되기 쉬운가요?

마찰시키면 모든 물체는 대전체가 될까? 어떻게 생각하니? 갸우뚱~ 생각 좀 해야겠네, 하하.

전기가 잘 통하는 물체가 있고, 아닌 물체가 있다는 것은 알고 있지? 철, 구리와 같은 금속은 전기가 잘 통하는 도체, 유리나 플라스틱과 같은 비금속은 전기가 잘 통하지 않는 부도체 또는 절연체라고 해. 부도체는 마찰시키면 대전이 잘 되는데, 도체는 마찰로 대전이 잘 안 돼. 왜냐고? 금속과 같은 도체는 '자유전자'라는 특이한 녀석이 있어. 자유전자란 원자핵에서 쉽게 떨어져 나와 자유롭게 움직이는 전자야. 유리 막대는 털가죽으로 문지르면 문지른 부분만 대전되거든. 그런데 구리 막대를 털가죽에 문지르면 움직이는 자유전자가 손을 통해 흘러 버리거나 구리 막대에 골고루 퍼져 마찰 전기를 갖기 힘들어.

마찰시키지 않고 전기를 띠게 할 수 있나요?

마찰로 전기를 갖기 힘든 금속이 (+), (−) 전기를 가진 대전체가 되는 방법은 무엇일까?

텔레비전 화면을 보면 다른 곳에 비해 유난히 먼지가 많은 것을 볼 수 있어. 이 현상은 옷에 문지른 풍선을 종이에 가까이 가져갔을 때 종이가 풍선에 달라붙는 것과 같은 원리야. 그 원리를 알고 있다고? 아! 마찰시킨 풍선의 전기력 때문이라는 거지? 그런데 좀 이상하지 않니? 풍선은 마찰 전기를 띠었지만 종이는 마찰시키지 않았는데 어떻게 전기를 띠게 된 거지? 작은 소리로 속닥거릴 거니까 귀를 쫑긋하고 들어 봐.

전기를 띤 풍선이 종이 가까이 가면 전기력이 작용하겠지? 부도체인 종이 속에는 움직일 수 있는 전기가 없어. 하지만 종이를 구성하는 분자나 원자와 같은 작은 입자도 이 전기력을 받겠지? 전기력이 작용하면 종이의 작은 입자 속 전기는 아래 그림처럼 풍선 가까운 쪽은 다른 극, 먼 쪽은 같은 극으로 배열돼. 마치 종이 양쪽 끝에 (+), (−)전기를 움직여 따로 모이도록 유도한 것처럼 말이야. 이를 '정전기 유도'라고 해. 하지만 종이와 같은 부도체는 전기를 띤 입자가 이동하여 전기가 유도된 것이 아니기 때문에 진정한 의미의 정전기 유도라고 하긴 힘들어.

그렇다면 전기를 띤 입자의 이동으로 정전기 유도되는 경우가 있을까? 물론 있지. 기억을 더듬어 봐. 전기를 띤 입자의 이동으로 인

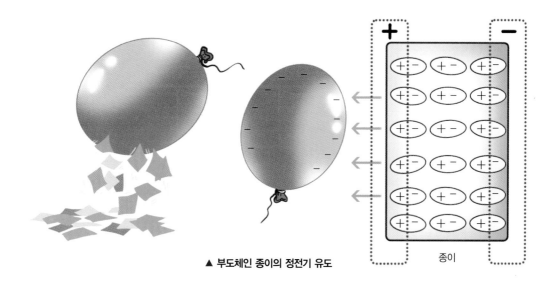

▲ 부도체인 종이의 정전기 유도

종이

해 마찰 전기를 갖기 힘들었던 물체가 있었잖아. 그렇지! 바로 금속이야. 금속은 자유전자를 가졌기 때문에 마찰로 (+)나 (−)전기를 띠게 하기 힘들다고 했었지. 이 고민을 해결하는 방법이 바로 정전기 유도인 거지.

그림처럼 구리 막대 두개를 붙여 두고 (+)로 대전된 막대를 접근시키면 (−) 자유전자는 전기력 때문에 대전된 막대 쪽으로 끌려 이동해. 자유전자의 이동으로 구리 막대 A와 B는 전기적 균형이 깨져 구리 막대 양쪽으로 (+)와 (−) 전기를 유도해 낸 것처럼 되는 거야. 이 상태에서 접촉한 구리 막대를 떼어 내면 우리는 (+)와 (−)전기를 띤 금속 막대를 얻게 되는 거지. 이것이 진정한 의미의 정전기 유도야.

대전체가 어떤 전기를 띠고 있는지 검사하는 '검전기'도 금속의 정전기 유도를 이용하여 만든 도구야.

이처럼 정전기 유도를 이용하여 물체를 마찰시키지 않고 전기를

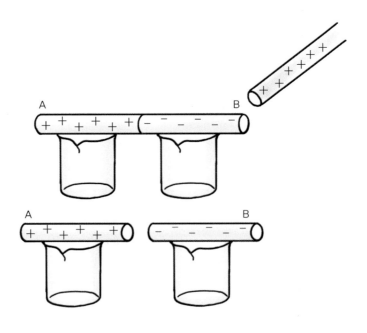

▶ 금속 막대의 정전기 유도

띠게 할 수 있단다. 부도체는 정전기 유도로 분리된 전기를 얻을 수 없지만 도체는 자유전자의 이동으로 정전기 유도되므로 (+)나 (−)전기를 띤 상태로 만들 수 있게 되는 거지.

▲ 검전기의 구조와 원리

금속판에 대전체를 가까이 가져가면 대전체의 전기력으로 인해 가까운 금속판은 다른 극, 먼 금속박은 같은 극이 유도된다. 이때 두 장의 얇은 금속박은 같은 전기가 유도되므로 서로 밀어내는 전기적 반발력 때문에 벌어지게 된다. 유도되는 전기량이 많을수록 밀어내는 전기력이 강하므로 금속박은 많이 벌어진다. 이 특징을 활용하여 (+)검전기나 (−)검전기를 만든 후 전기를 검사한다.

수만 볼트의 정전기에도
감전 사고가 일어나지 않는 이유는?

정전기는 주로 겨울철에 많이 생기는데 왜 여름보다 겨울이 더 심할까? 그것은 공기 중의 수증기량과 상관이 있어. 수증기를 이루는 수소와 산소는 약한 전기적인 성질을 가질 수 있도록 결합하고 있지. 그래서 정전기가 생기면 공기 중의 수증기가 대전체의 전기를 중화시키는 거야. 겨울은 여름보다 훨씬 건조하기 때문에 자동차 문을 열거나 털옷을 벗을 때 손가락이나 몸에 순간적으로 전기가 통하는 것을 자주 경험하게 되지.

이때 생기는 정전기는 대기의 건조 상황에 따라 25,000볼트 이상이나 되기 때문에 가끔 우리는 전기 방전의 불꽃이 튀는 것을 보기도 해. 집으로 공급되는 220볼트 전압보다 훨씬 고전압인데 우리는 왜 무사한 걸까?

20층 높이의 옥상에서 모래 한 알과 볼링공이 떨어졌다고 생각해 봐. 같은 높이라도 모래 한 알을 맞았을 때 충격은 따끔하게 아픈 정도이겠지만 볼링공이었다면 상상하기도 싫겠지? 정전기가 아무리 높은 전압이라도 우리 몸을 통과하는 전기의 양전류이 모래 한 알에 비유될 정도로 작기 때문에 우리 몸에 주는 충격은 순간적으로 놀라는 정도에 불과해. 또한 피부 표면에만 흐르고 말지. 하지만 볼링공과 같은 전기량이 우리 몸속을 통과했다면 몸속은 새까맣게 타서 이 세상과 작별을 해야 할지도 몰라.

꽥!

툭!

←모래

뭔가 떨어진 것 같은데….

마찰전기와 정전기 유도

정전기(마찰전기) 전압은 매우 높지만 전류량은 매우 작아요!

문제1.

그림과 같이 (−)전기를 띤 플라스틱 자를 금속막대에 접근시키면 검전기 금속박은 어떻게 될까?
이때 어떤 전기를 띠게 될까?

문제2.

문제 1에서 금속 막대를 유리 막대로 바꾸었을 때 검전기 금속박의 변화는 어떻게 될까?

금속 막대

유리 막대

① 금속에 대전체를 접근시키면 정전기 유도가 되었다가 대전체를 치우면 원래 상태로 돌아온다.
② 금속에 대전체를 접촉하면 전자가 접촉한 물체 사이로 이동하므로 대전체를 치워도 금속은 전기를 띤 상태이다.

문제1 답: 금속박은 벌어지고 (−)전기를 띤다. **문제2 답:** 아무런 변화가 없다.

정전이 되면 왜 전기 기구가 작동하지 않을까요?

전기도 흐를 수 있나요?

1740년경까지만 해도 과학자들이 전기에 관한 실험을 하려면 유리 막대를 일일이 문질러 전기를 얻어야 했어. 이 불편함을 없애 준 것이 레이던병*과 같은 축전기야.

전기에 관해 관심이 많았던 사람 중에 프랑스의 놀레라는 신부가 있었는데 하루는 180명의 병사들을 서로 손을 잡고 둥글게 세운 후 그중 두 사람에게 전기를 모은 레이던병을 잡게 한 거야. 어떻게 되

레이던병
전기를 일시적으로 모아 두는 장치.

었을 것 같니? 모든 병사들이 심한 쇼크로 펄쩍 뛰어올랐지. 전기에 대한 상식이 부족했던 시절의 이야기야.

모든 병사가 충격을 받았다면 사람의 몸을 통해 전기가 이동했다는 말이잖아. 전기가 흐를 수 있는 조건을 만들어 연결한 것이 전기회로*야. 우리가 사용하는 전기 기구는 이 전기회로의 다양한 연결에 의해 탄생한 거란다.

스위치를 끄면 왜 전기 기구 작동이 중단되나요?

스위치를 끄면 컴퓨터나 TV와 같은 전기 기구는 사용이 중단되지? 스위치는 전기회로의 연결을 조절하는 도구야. 스위치를 끈다는 것은 전기회로의 연결선을 끊었다는 뜻이지. 우리가 좋아하는 TV, 컴퓨터, MP3, 휴대폰 같은 각종 전기 기구가 작동하려면 끊임없이 전기 에너지를 실어 나르는 놈이 움직여야 하는데 회로가 끊기면 길이 없어졌다는 말이야.

전기 기구 속에서 전기 에너지를 실어 나르고 있는 녀석이 누굴까? 그렇지, 바로 (–) 전기를 가진 전자야. 이 전자가 일정한 방향으로 움직이면 우리는 '전류'가 흐른다고 해.* 만약, 전류가 흐르는 동안 전기회로의 한 곳이라도 끊기면 전류는 흐르지 못하겠지? 수도관이 중간에 끊기면 집에 물이 공급되지 않는 것처럼 말이야. TV나 컴퓨터 전원 버튼은 스위치 역할을 하며 전류의 흐름을 결정해. 전류가 흘러야 전기 기구는 정상 작동을 하지.

여기서 이상한 점이 하나 있어. 전류는 (+)극에서 (–)극으로 흐른다고 알고 있잖아. 하지만 전자는 전기력 때문에 (–)극에서 (+)극으로 이동해. 왜 전자의 이동과 전류의 방향은 반대일까? 그건 전자가 발견되기 전, 미국의 과학자 프랭클린이 전류의 방향을 정해 버렸기 때문이야. 그는 전류를 물처럼 흐르는 유체로 생각했기 때문에

전기회로
전류가 흐르는 길. 가장 단순한 전기회로는 전원 장치와 저항이 전선으로 연결되어 있다. 전류가 흐르는 전기회로는 끊어진 부분이 없는 폐회로여야 하며, 복잡한 전기회로는 기호를 사용하여 표현한다.

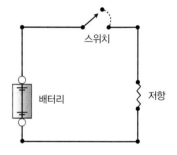

전류의 흐름
전류가 일정한 방향으로 이동하는 것을 '직류', 주기적으로 전류의 방향이 바뀌는 것을 '교류'라고 한다. 전지는 (+), (–)극이 정해져 있어 직류이며, 집으로 공급되는 전원은 주기적으로 (+), (–) 방향이 바뀌는 교류이다. 직류는 전기 플러그 연결 방향이 정해져 있지만 교류는 어느 방향으로 연결하든 상관이 없다.

(+)전하가 넘쳐흘러 나오는 쪽은 (+)극, 들어가는 쪽은 (−)극으로 정해 버린 거지. 이후 전류의 흐름은 '전자의 이동' 때문임을 발견했지만 전류의 방향을 바꾸어서 나타나는 혼란보다는 그대로 쓰는 것이 낫다고 여겨 현재 그대로 쓰고 있는 거지.

전구에 전류를 계속 흐르게 하려면 어떻게 하나요?

전구가 밝은 빛을 내려면 전류가 계속 흘러야 해. 전류가 계속 흐르기 위해 무엇이 필요할까?

민속촌에 가면 곡식을 찧는 물레방아를 볼 수 있어. 물레방아가 계속 돌아가려면 높은 곳에서 떨어지는 물이 있어야 하잖아. 자연에서처럼 저절로 물이 공급되지 않는다면 펌프를 이용해서 물을 위로 계속 끌어 올려야겠지? 펌프가 물을 높은 곳으로 끌어 올려 주면 물은 물레방아를 돌리는 에너지*를 갖게 돼. 에너지를 갖게 된 물이 떨어지면서 물레방아를 계속 돌리는 거잖아. 그렇지?

마찬가지로 전구나 컴퓨터와 같은 전기 기구에 전류를 계속 흐르게 하려면 펌프 역할을 하는 전지나 전원 장치*를 연결해야 해. 펌프가 물을 계속 순환시켜 물레방아를 돌리듯이, 전원 장치가 전류를 계속 흐르게 하여 전기 기구를 작동하도록 하는 거지.

위치에너지
일을 할 수 있는 능력을 에너지라고 하는데 높은 곳에 있는 물체는 잠재적인 위치에너지를 가지고 있다. 이 위치에너지를 이용하여 떨어지는 물은 물레방아를 돌리는 일을 한다.

전원 장치
전지나 발전기처럼 전류를 계속 흐를 수 있도록 하는 능력을 가진 기구를 전원 장치라고 한다.

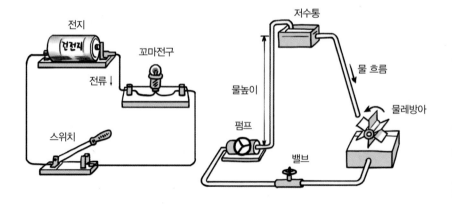

▶ 전기회로와 펌프의 비교

전구에 불을 밝히고 컴퓨터를 작동시키는 일이 가능한 것은 전원 장치가 전자에게 얼마나 많은 전기 에너지를 갖게 하느냐와 상관이 있어. 전원 장치가 가지는 이 능력을 '전압'이라고 하지. 가정으로 들어오는 전압은 220V, 우리가 주로 사용하는 건전지는 1.5V, 휴대폰 전지는 3.7V로 그 능력을 표기하고 있어. 숫자가 클수록 회로를 따라 움직이는 전자에게 줄 수 있는 에너지 능력은 커지는 거야. 전자가 회로를 흐르면서 불을 밝히고, 빛을 내는 일을 하여 에너지를 소모하면 전압이 떨어지는 거지. 그러면 다시 전원 장치가 이 에너지를 보충해 주는 거야.

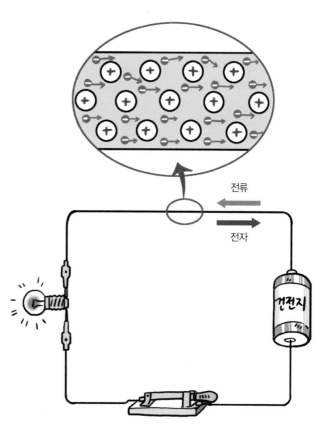

▲ 전류와 전자의 이동 방향

전자는 거침없이 달릴 수 있을까요?

전류가 흐를 때 회로 속의 전자는 빛과 같은 속도로 거침없이 달릴 수 있을까? 불행히도 회로 속은 전 세계 인류가 모두 모여 앉아 평생을 세어도 못 셀 만큼 많은 원자로 채워져 있어. 이 험난한 회로 속을 1초에 10조 번 이상 충돌을 일으키며 여행을 해야 하는 것이 전자의 현실이야.* 이 충돌은 전자의 이동을 방해하기 때문에 '저항'이라고 하며 수많은 충돌로 인해 반드시 열이 생겨.

저항으로 인해 생기는 열은 발전소에서 집으로 전기를 공급할 땐

전자의 이동 속도
전자의 이동 속도는 초속 0.1mm 정도로 매우 느리다.

비저항
길이와 굵기를 같은 크기로 만들
어 각 물질의 저항을 비교한 값.
온도에 따라 달라진다.

물질의 종류	비저항(상온기준)
은	1.47×10^{-8}
구리	1.72×10^{-8}
유리	$10^{10} \sim 10^{14}$
수지(PET)	10^{20}
철	1.0×10^{-7}

큰 방해꾼이야. 이 문제를 해결하려면 비저항*이 가장 작은 은을 쓰면 돼. 그런데 실제로 전선은 구리로 되어 있어.

왜 그럴까? 금방 상상이 되지? 은이 구리보다 훨씬 비싸서 전선으로 사용하면 우리는 아마 전기를 공급받을 때 많은 비용을 지불해야 할 거야. 하지만 저항이 커야 하는 경우도 있어. 만약 네가 전기난로를 만든다면 어떤 저항선을 쓸래? 이 경우는 어느 정도 저항이 있어야 원하는 저항열을 얻을 수 있잖아. 은을 사용한다면 저항이 작기 때문에 길이가 귀찮을 정도로 길어져야 할 거야.

원하는 저항열을 얻으면서 길이를 짧게 하는 방법은 뭘까? 굵기를 조절해 보자고? 그럼, 굵게? 가늘게? 어느 쪽이 좋을까? 너는 길이 넓을 때가 걷기 편하니, 좁을 때 걷기 편하니. 넓을 때겠지? 저항

▲ 저항이 크다(가는 선).

▲ 저항이 작다(굵은 선).

도 마찬가지야. 금속선이 굵을수록 전자가 잘 이동하기 때문에 저항이 작아져. 그렇다면 아주 가는 선을 써야 길이를 줄일 수 있겠네. 이렇게 번거로운 은을 쓰기보다는 차라리 난로에 가장 알맞은 굵기와 길이를 가진 재료로 바꿔 버리는 것이 나을 거야. 그래서 보통 전열기에는 니크롬선*을 많이 사용해. 물질의 저항은 재료에 따라 다르니까. 만약 재료가 같다면 굵기가 가늘고 길이가 길어질수록 저항이 커진단다.

니크롬선
니켈과 크롬을 합금하여 만든 선으로 저항이 커서 열이 많이 나며 쉽게 꼬아 쓸 수 있기 때문에 다리미나 헤어드라이어와 같은 전열기에 많이 사용한다.

▶ 길이가 길어지면 저항도 커진다.

우리가 사용하는 전지에 대해 알고 싶어요

걸어 다니면서 휴대폰이나 MP3를 사용할 수 있도록 하는 데 큰 역할을 하는 것 중에 하나는 전지일 거야. 우리가 사용하는 휴대폰 전지는 리튬–이온 전지야. 이 전지는 충전해서 사용하는 2차 전지지. 1차 전지는 벽시계나 리모컨에 주로 사용하는 1회용 전지를 기리키는 말이야. 1회용 전지는 충전하여 사용할 수 없어. 충전을 시도한다면 내부의 액이 새어 나오거나 파열될 위험성이 있기 때문에 조심해야 해.

충전해서 사용하는 2차 전지에는 니켈–카드뮴 전지, 니켈– 수소 전지라는 것도 있어. 이 전지는 값이 싸서 소형 진공청소기나 전동 칫솔 등에 많이 쓰지만 메모리 효과가 있어. 이 때문에 완전히 방전하지 않고 충전하면 용량이 줄어들어 수명이 짧아져. 그에 비해 리튬–이온 전지는 전지 용량이 크고 메모리 효과가 거의 없어 휴대폰이나 노트북 배터리로 많이 사용되고 있지. 하지만 가격이 비싼 게 단점이야.

건전지의 유통 기한은 보통 2~5년으로 아무리 보관을 잘한다고 해도 성능이 자연스럽게 줄어들어. 또한 DMB 폰으로 동영상을 보거나 MP3에서 볼륨을 높여 음악을 들으면 전류가 더 많이 흘러야 하기 때문에 전지 소모가 훨씬 빨라진단다.

메모리 효과
전지가 충전하여 사용한 용량을 기억하는 현상. 사용 후 완전히 방전되지 않은 상태로 충전하면 충전 직전의 용량만을 기억하기 때문에 실제 자신의 능력보다 줄어들게 된다. 니켈–카드뮴 전지에 주로 나타나지만 현재 이 현상은 많이 개선되어 메모리 효과는 줄어들고 있다.

▲ 1차 전지

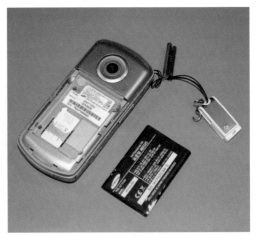

▲ 2차 전지

전기회로 전류, 전압, 저항

전류가 계속 흐르는 전기회로는 끊어진 부분이 없는 폐회로이다. 전원 장치의 전압 크기에 해당하는 전기 에너지를 얻은 전자들이 일정한 방향으로 이동하다가 저항을 지날 때 자신의 에너지를 사용하기 때문에 전압이 낮아진다.

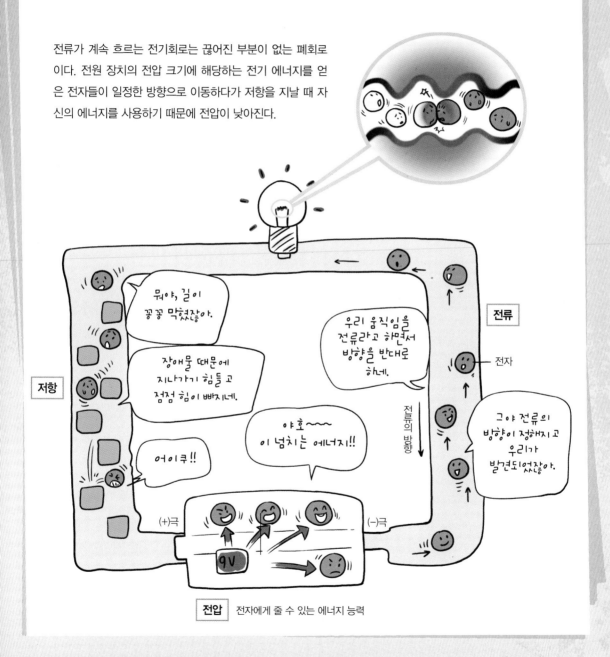

콘센트에 여러 개의 전기 제품을 동시에 사용해도 되나요?

Science

03

전류의 세기는 무엇에 따라 달라지나요?

전류의 세기

전류의 세기는 전선 단면을 통과하는 전자의 개수가 많을수록, 움직이는 속도가 빠를수록, 전선이 굵을수록 커진다. 전류의 단위는 암페어(A)이다. 1A의 전류는 1초 동안에 1쿨롬(C)의 전기량을 나타내며, 이때 통과한 전자의 개수로 표현하면 6.25×10^{18}개에 해당된다.

옴의 법칙

1826년 옴은 '회로에 흐르는 전류의 세기는 저항에 반비례하여 작아지고, 전압에는 비례하여 커진다.'는 옴의 법칙을 발견하였다. 하지만 당시 실험 기구의 성능이 뛰어나지 못한 상황의 결론이기 때문에 자연 법칙으로 받아들이기엔 무리가 있다. 또한 아주 높은 전압에서는 이 법칙을 적용하기 힘든 면이 있으나, 보통의 전기회로를 설명하기 위해 이용한다.

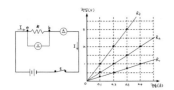

수도관을 흐르는 물의 양이 얼마나 되는지 알고 싶을 때 어떻게 하면 될까? 가장 쉬운 방법은 관을 싹둑 잘라 일정한 시간 동안 자른 면을 통해 얼마나 많은 물이 쏟아져 나오는지 보는 거야. 회로를 따라 흐르는 전류의 세기도 같은 원리를 이용하면 돼. 전류가 흐르는 전선을 싹둑 잘랐다고 상상을 하는 거야. 물이 쏟아지듯 전기를 띤 전자가 쏟아져 나오겠지? 이때 전류의 세기*는 1초 동안 전선 자른 면을 통과하는 전기량으로 정해. 하지만 이 방법은 이론적인 거야. 전류의 세기를 알아보기 위해 직접 전선을 잘라 보는 사람은 없겠지?

실제로 회로에 흐르는 전류의 세기는 어떻게 알 수 있을까? 전류의 세기에 영향을 주는 것은 무엇일까? 전기회로에 저항을 가진 전구를 하나 연결한 것과 두 개를 연결한 것은 전류의 세기에 영향을 줄까? 전지의 개수를 늘려 전압을 증가시키는 것은 어떨까?

이런 생각을 했던 독일의 옴은 오랜 연구 끝에 전기회로에서 전류·전압·저항의 관계를 정리하여 전류의 세기를 구할 수 있는 방법인 '옴의 법칙*'을 만들었어. 그가 얻은 결론은 '회로에 흐르는 전류의 세기는 저항이 작을수록, 전압이 클수록 커진다.'는 거지.

회로의 연결 방법에는 어떤 것이 있나요?

최초의 컴퓨터인 에니악은 무게가 30톤이나 돼서 약 $140m^2$ 공간을 가득 채울 정도로 컸대. 지금 너희가 사용하는 컴퓨터 크기는 어떠니? 아무리 크다고 해도 책상 한쪽을 차지할 뿐이지? 노트보다 더 작은 크기의 컴퓨터도 나오고 있잖아. 전기 제품이 점점 작아지게 된 것은 수백 개의 다이오드*, 트랜지스터*, 저항 등을 아주 작은 반도체 기판 위에 조립하는 집적회로*의 기술이 이룬 업적이라고 할 수 있어. 전기회로에 다양한 종류의 전기 부품들을 연결하여 각종 전기 제품을 만들어 내는 거지.

이렇게 복잡한 전기회로의 연결을 잘 살펴보면 크게 두 가지로 나눌 수 있는데, 그것은 직렬과 병렬이야. 직렬은 전지나 저항을 한 줄로 계속 연결해 나가는 것이고, 병렬은 두 줄 이상으로 나란하게 연결하는 거지.

다이오드
반도체를 이용하여 만들며 교류를 직류로 바꾸어 일정 방향으로만 전류가 흐르게 하는 장치

트랜지스터
커다란 진공관을 대신하여 전기 신호를 발생 변환시키는 소형 반도체 전기 부품.

집적회로
트랜지스터·다이오드·축전기·저항 등을 연결한 각각의 작은 회로들이 집중적으로 서로 연결되어 특정한 기능을 수행할 수 있도록 만들어 놓은 초소형 전기회로판. 초소형 집적회로를 만드는 기술이 전자 산업의 첨단 기술 보유 능력을 의미하기도 한다.

▲ 최초의 컴퓨터 에니악과 현재의 개인용 컴퓨터

저항의 연결 방법에 따라 회로에 흐르는 전류가 달라지나요?

꼬마전구를 들여다보면 가느다란 실 모양의 필라멘트가 있지? 전

구가 빛이 나는 이유는 이 필라멘트 선 때문이야. 텅스텐처럼 고온에서 견딜 수 있는 금속선으로 만드는데 전류가 흐를 때 이 금속의 저항으로 인해 빛과 열이 나는 거야. 우리가 사용하는 전구도 회로에 연결했을 때 저항체가 되는 거지.

같은 종류의 꼬마전구를 그림과 같이 연결하였을 때 전구의 밝기는 어떻게 될까?

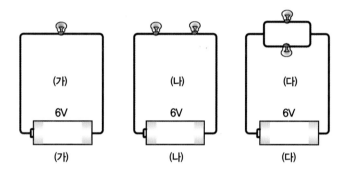

전구는 저항체라고 했지? 그렇다면 (나)는 저항의 직렬연결, (다)는 저항의 병렬연결이야. 밝기를 알기 위해서는 꼬마전구의 전압과 전류를 비교해야겠지? 그림 (가), (나), (다)의 전체 전압이 모두 같으니까 신경 쓸 필요는 없겠구나. 그럼, 옴의 법칙을 이용하여 회로 전체를 흐르는 전류를 구해 볼까?

직렬인 (나)는 전체 저항이 (가)의 2배, 병렬인 (다)는 전체 저항이 (가)의 1/2배야. 전류는 저항에 반비례하니까 (가)와 비교하면 (나)는 1/2배, (다)는 2배네. 직렬인 (나)의 꼬마전구는 전류가 흐르는 길이 하나이지만, 병렬인 (다)의 전체 전류는 다시 두 갈래로 나누어져. 그래서 각각의 꼬마전구가 반씩 나누어 갖게 되지.

이제 전구의 밝기 순서를 정해 볼까? 전구의 밝기는 각 전구의 전류의 세기가 같은 (가), (다)가 밝고, (나)는 어둡겠구나. 결국 저항을 직렬연결하면 전체 저항이 커지기 때문에 회로의 전체 전류는 감소

저항의 직렬연결과 병렬연결

같은 종류의 니크롬선 2개를 직렬과 병렬 연결했을 때 전체 저항과 전류 비교해 보기
(니크롬선 길이와 굵기는 같다.)

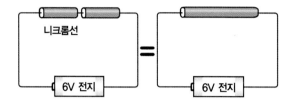

니크롬선

6V 전지 = 6V 전지

▲ **저항의 직렬연결**
니크롬선의 길이가 2배로 변하는 효과가 나타나므로 저항은 2배 늘고, 회로의 전체 전류는 1/2배로 감소한다.

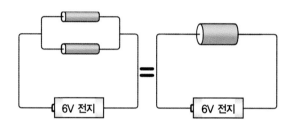

6V 전지 = 6V 전지

▲ **저항의 병렬연결**
니크롬선의 굵기가 2배로 변하는 효과가 나타나므로 저항은 1/2배, 회로의 전체 전류는 2배 증가한다.

하고, 저항을 병렬연결하면 전체 저항이 감소하기 때문에 회로의
전체 전류는 증가하게 되는 거지. 전구를 같은 밝기로 여러 개를 쓰
려면 병렬로 연결하는 것이 좋겠군.

집안 전기 배선은 어떻게 연결되어 있나요?

우리나라에서 사용하는 전기 기구는 각 가정에 공급되는 220V
전압에서 가장 잘 작동할 수 있도록 만들었어.* 220V에서 가장 잘
작동하게끔 만든 선풍기를 100V에 연결하면 선풍기는 털털거리며
제대로 회전하지 못해. 만약 훨씬 높은 전압에 연결한다면? 내부가

정격 전압
전기 제품이 가장 작동이 잘되도
록 정해진 전압을 정격 전압이라
고 한다.

타 버려 고장이 날지도 모르지.

우리는 집에서 냉장고·컴퓨터·TV·전구 등의 전기 기구를 동시에 사용하고 있어. 동시에 전기 기구를 사용해도 모든 전기 기구는 정상 작동하잖아. 이 의미는 정상적인 정격 전압을 공급받고 있다는 거야. 정상적인 전압을 공급받고 있다는 것은 우리 집 안의 전기 배선이 병렬이라는 거지.

만약 이 전기 제품을 직렬로 연결하면 어떻게 될까? 전기 제품의 각 저항이 합해져서 저항선이 길어지는 효과 때문에 전체 저항이 커지고 전류는 매우 작아지겠지? 더구나 전류가 흘러 각 전기 기구를 지날 때마다 에너지를 소모하니까 전기 기구의 전압은 모두 달라져 버려. 또한 하나의 전기 기구가 고장이 나면 전류가 흐르지 못해 다른 전기 기구를 사용할 수 없게 되잖아. 하지만 집에서 세탁기가 고장이 났다고 냉장고를 못 쓰게 되는 일은 벌어지지 않아. 참 다행스럽게도 집 안 전기 배선은 병렬로 연결이 되어 있단다.

멀티 선에 여러 개의 전기 제품을 연결하면 왜 위험할까요?

여러 개의 전기 기구를 동시에 사용하기 위해 멀티 선을 사용해

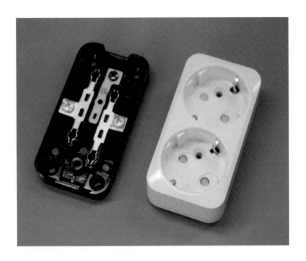

본 적 있지? 그런데 가끔 이것이 원인이 되어 화재가 났다는 뉴스를 본 적도 있을 거야. 왜 멀티 선에 여러 개의 전기 기구를 동시에 연결하면 안될까?

사진에서 보는 것처럼 멀티 선의 구멍은 전기 기구를 병렬로 연결하도록 설계가 되어 있어. 그게 뭐가 문제냐고? 병렬 연결이면 정격 전압이 유지되니까 전기 기구 사용에 좋은 거 아닌가? 오호, 그새

깜빡했구나. 여러 개의 전기 기구를 병렬로 연결한다는 것은 전기 기구의 저항을 병렬로 연결했다는 말이지?

그럼 회로의 전체 저항이 어떻게 변하게 되지? 그래, 저항선의 굵기가 굵어지는 효과 때문에 회로의 전체 저항이 감소되어 멀티 선에 흐르는 전류가 순식간에 증가하게 돼. 전류의 세기가 증가하면 저항열도 많이 생겨. 보통 전선에는 그 전선이 견딜 수 있는 전류의 양이 표시되어 있어. 한계 이상의 전류가 흐르면 많은 열이 발생하여 전선의 피복은 녹아내리면서 합선[*]이 돼. 이 순간 온도가 1,000℃ 이상이 되어 불꽃이 발생하고 주변에 옮겨 붙어 불이 나는 거야. 상상만 해도 아찔하지?

그럼, 어떤 멀티 선을 사용해야 할까? 음, 먼저 멀티 선이 견딜 수 있는 전류 이상이 흐르면 전류의 흐름을 차단하는 퓨즈나 전류 차단기가 있는 멀티 선을 쓰는 거야. 그리고 저항 열이 작게 생기는 굵고 짧은 멀티 선을 사용하여 저항을 줄이는 거지. 실제 전선도 저항이 크니까.

어때, 조금만 신경 쓴다면 우리는 좀 더 편리하게 도구를 사용할 수 있겠지?

합선

전선을 벗겨 보면 반드시 2가닥의 피복으로 보호된 선이 있다. 전류가 흐르려면 폐회로가 되어야 하고 전선을 따라 들어가는 전류가 있으면 반드시 나오는 전류도 있다. 과전류가 흘러 열이 발생하면 피복이 녹아 두 전선이 만난다. 이것을 합선이라고 하고 순간적인 전기 스파크로 인해 화재의 원인이 된다.
합선이 되면 저항이 매우 작아져 전류 값이 엄청나게 커지는 효과가 나타난다.

전기 요금은 어떻게 결정이 되나요?

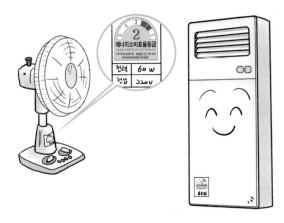

여름에 몹시 더울 땐 시원한 에어컨 켜진 곳이 정말 그리워. 하지만 여름 내내 에어컨을 편안하게 자주 사용하기에 너무 눈치가 보이지? 왜냐고? 그야 비싼 전기료 때문! 그런데 전기료를 줄일 수 있는 방법이 있어. 우리가 사용하는 모든 전기 제품은 반드시 220V-60W처럼 정격 전압과 소비 전력을 표시하고 있어.

전력이란 1초 동안 소모하는 전기 에너지를 나타내는 값이야. 이 숫자가 클수록 같은 시간 동안 소모되는 전기 에너지는 크고, 오디오는 소리가 빵빵하고, 전구의 빛은 더 밝지. 보통 에어컨은 선풍기 서른 대의 전력을 소모한다고 해. 그래서 에어컨을 살 때 비슷한 성능을 가졌다면 전력이 낮은 것을 선택하는 것이 전기 요금을 줄일 수 있는 방법이야.

전기 요금은 각 제품의 소비 전력과 사용한 시간을 곱해서 구한 전력량*의 크기로 결정하는 거야. 전기 요금은 사용량이 많으면 기준 가격도 더 높아지는 누진세이기 때문에 사용량이 2배여도 요금은 훨씬 더 많아. 갈수록 전기 에너지를 만드는 원료인 석탄, 석유 매장량이 줄어들고, 원자력 에너지도 그 안전성 논란이 있으니 우리가 전기 에너지를 아껴 쓰는 것은 환경 차원에서 에너지를 절약할 수 있는 좋은 방법이겠지?

전구의 밝기 비교와 소모되는 전기 에너지	
220V 30W	전기 에너지 소모량 30W × 1h = 30Wh
220V 60W	전기 에너지 소모량 60W × 1h = 60Wh

전력량
전기 에너지를 생활 단위로 표현한 값으로 전력(W)×소비시간(h)=전력량(Wh)으로 나타낸다.
1,000Wh=1KWh이며 실제 사용 전력량은 KWh로 많이 표현된다.

전기회로의 직렬과 병렬

모든 전기 제품은 정격 전압과 소비 전력이 표시되어 있다(예, 220V-60W).
정격 전압을 유지하여야 제 기능을 유지할 수 있기 때문에 모든 전기 기구는
병렬로 연결한다. 병렬연결은 전압이 같고, 저항에 따라 전류가 달라진다.

왜 집안 전기 배선은 '병렬' 이어야 할까?

▼ 전기기구를 직렬연결했을 때 문제점

고장!

❶ 하나가 고장 나면 나머지는 쓸 수 없다.

80V 110V 50V

20V

❷ 정격 전압이 유지되지 않아서…

❸ 전체 저항이 커져 회로의 전류가 작아진다.

열이 너무 약해.

7 chapter

일과 에너지

홍제남, 강옥경, 한송희

01 과학에서 말하는 일이란?

과학에서 말하는 일은 보통의 일과 다르다고요?

그래, 맞아. 보통 우리들은 엄마, 아빠가 회사에 출근을 하거나 무거운 물건을 들고 서 있는 것 등 힘을 쓰는 모든 행동을 일을 한다고 말하지. 그런데 과학에서 말하는 일은 좀 달라. 과학에서의 일은 물체에 힘이 작용하고, 그 힘에 의해 물체가 힘의 방향으로 이동을 했을 때만 일이라고 한단다.

아무리 힘들게 무거운 물건을 오랫동안 들고 서서 땀을 뻘뻘 흘리고 있어도 이동 거리가 0이면 과학에서는 일이 아닌 거야. 또 우주 공간을 같은 속력을 유지한 채 직선으로 한없이 항해하는 우주선도 한 일의 양은 0이란다. 왜냐고? 우주 공간은 중력도 없고 공기와의 마찰력도 없어서 우주선은 한 번 움직여 주면 더 이상 아무런 힘이 작용하지 않는 상태에서 관성에 의해 계속 앞으로 가는 것이거든. 작용하는 힘이 0이니 일이 아닌 거지. 관성*이 뭔지는 앞에서 배웠으니 알고 있지?

관성
외부로부터의 힘의 작용이 없으면 물체의 운동 상태는 변하지 않아 정지한 채로 있거나 등속 직선 운동을 계속한다.

그럼 한 일의 양은 어떻게 잴 수 있을까? 가을에 노랗게 익은 벼를 수확해 30kg짜리와 60kg짜리로 만들었다고 치자. 이 쌀가마니들을 옮겨서 트랙터에 싣는 일을 할 때 어떤 경우가 더 많은 일을 한 걸까? 당연히 힘을 더 많이 써야 하는 60kg의 가마니를 옮길 때 더

많은 일을 한 거야. 또 일은 힘의 방향으로 이동해야 일이라고 했으니 이동 거리와도 관계가 있겠지? 이동 거리가 길면 길수록 더 많은 일을 하게 되는 거지. 즉 일의 양은 힘이 커지고, 이동 거리가 늘어날수록 더 많아지는 거란다. 그래서 일은 힘과 이동 거리의 곱으로 나타내기로 약속했단다.

줄(Joule)

영국의 물리학자로 전류가 흐를 때 발생하는 열량에 관한 법칙을 발견하였다. 에너지의 단위는 그의 이름을 딴 것이다.

뉴턴

영국의 물리학자 · 천문학자 · 수학자 · 근대이론과학의 선구자. 그의 자연관은 후세에 커다란 영향을 끼쳤다. 힘의 단위인 뉴턴은 그의 이름을 딴 것이다.

일의 양

일(W) = 힘(F) × 이동 거리(d)

일의 단위는 J(줄)*을 사용한다.

1J이란 1N*의 힘으로 1m를 이동했을 때 한 일의 양이다.

즉, 1J = 1N×1m

대형 쇼핑센터에 가서 카트에 물건을 싣고 밀면서 여러 층을 돌아다니면 엄청나게 많은 일을 하게 되는 거지. 그러나 계산대에 앉아서 계산해 주는 사람은 이동 거리가 없으니 하루 종일 서서 정신없이 계산을 해도 과학에서 보면 일을 전혀 안 하는 거란다. 이렇게 말하면 그분들한테 혼나겠지?

일을 더 쉽게 할 수 있는 방법은요?

같은 양의 일을 해도 어떻게 하면 좀 더 쉽게 일을 할 수 있을까 하는 것은 옛날부터 사람들이 많이 연구했던 거였어. 이집트의 거대한 피라미드나 중국의 만리장성 같은 건축물을 세우기 위해서는 엄청나게 많은 사람들이 엄청난 양의 일을 했겠지? 당시의 기술 수준에서 어떻게 그런 일을 해냈는지 놀라울 뿐이란다.

톤
1톤=1000kg

2톤* 정도인 돌들을 수백만 개씩 쌓아 올려 100미터가 넘는 높이의 피라미드를 쌓자면 아무리 많은 사람들이 달라붙는다고 해도 몸무게가 100kg도 안 나가는 사람들의 힘만으로는 불가능했을 거야. 그래서 외계인이 세운 건축물이네 하는 황당한 이야기를 하는 사람도 생겨난 걸 테고 말이야. 사람 힘만으로는 안 되니 필요한 게 바로 도구였을 거야. 우리나라의 수원 화

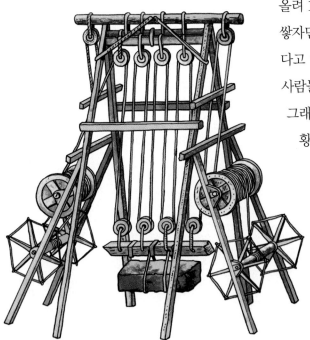

▲ 거중기
아래위로 각각 4개씩 장치된 고정도르래와 움직도르래에 물체를 연결한 후 양옆에 있는 고정도르래에 감아올리도록 설계했다.

성*의 예를 들어 볼까?

기록에 의하면 수원성을 처음 쌓을 때는 10년 계획으로 시작을 했다고 해. 그러나 정약용이 도입한 이 도구를 사용한 덕분에 33개월 만에 완성을 했어. 그 결과 4만 냥*의 경비를 절약했고 많은 백성들이 가족과 집을 떠나 노역*에 시달려야 하는 어려움을 줄일 수 있었던 거지. 그 도구가 뭔지 아니? 그래, 바로 거중기란다.

거중기를 이용해서 한 사람이 무려 400근* 즉, 240kg 정도의 물건을 들어 올릴 수 있었다고 해. 몸무게 80kg인 일꾼이 자기 몸무게의 세 배 정도 되는 물체를 들어 올린 거니 그 능력이 어마어마하지? 이것이 가능했던 비밀은 바로 거중기를 구성하는 도르래에 있단다.

수원 화성
조선 후기 건축된 성으로 정약용이 고안한 거중기를 사용하였다. 1997년 유네스코 세계 문화 유산으로 등록되었으며 과학적으로 매우 뛰어난 구조물이다.

냥
고려 이후 조선 전기(前期)에 걸쳐 사용된 돈(화폐)의 단위.

노역
몹시 괴롭고 힘든 노동.

근
무게의 단위. 한 근은 고기나 한약재의 무게를 잴 때는 600그램, 과일이나 채소 따위는 375그램에 해당한다.

도르래가 뭔데요?

도르래에는 고정도르래와 움직도르래가 있단다. 국기를 달 때 보면 사람이 직접 태극기를 들고 깃대를 올라가지 않더라도 태극기를 위로 쉽게 끌어 올리게 하는 고정도르래가 국기 게양대 끝에 달려 있는 것을 볼 수 있어. 이 고정도르래를 이용해서 태극기를 매단 줄을 아래 방향으로 당겨서 위로 올라가게 하는 거지. 이처럼 고정도르래는 물체에 가해야 하는 힘의 방향을 바꾸어 주는 장점이 있단다.

고정도르래는 국기 게양대 외에도 엘리베이터, 에스컬레이터, 고기잡이 배,

▲ 국기 게양대 위로 태극기를 올리는 방법

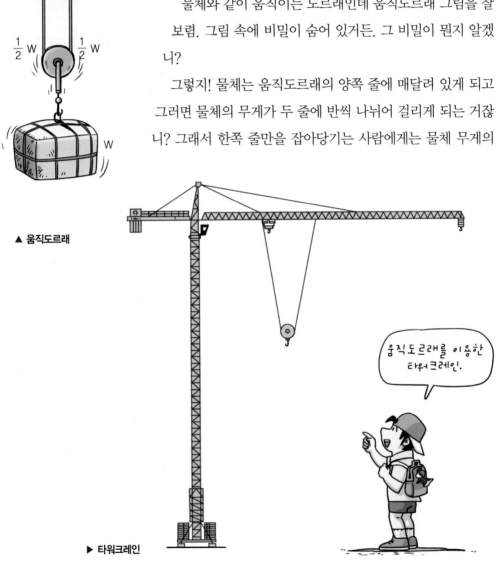

낚싯대 등에도 힘의 방향을 바꾸어 주는 목적으로 이용되고 있단다.

좀 이상하다고? 방향을 바꿀 뿐인데 어떻게 무거운 물체를 사람이 쉽게 들어 올릴 수 있느냐고? 그건 바로 또 다른 도르래인 움직도르래 덕분이야. 움직도르래는 물체와 같이 움직이는 도르래인데 움직도르래 그림을 잘 보렴. 그림 속에 비밀이 숨어 있거든. 그 비밀이 뭔지 알겠니?

그렇지! 물체는 움직도르래의 양쪽 줄에 매달려 있게 되고 그러면 물체의 무게가 두 줄에 반씩 나뉘어 걸리게 되는 거잖니? 그래서 한쪽 줄만을 잡아당기는 사람에게는 물체 무게의

생각보다 가볍네.

$\frac{1}{2}$ W $\frac{1}{2}$ W

W

▲ 움직도르래

▶ 타워크레인

움직도르래를 이용한 타워크레인.

반만의 힘으로 물체를 들어 올릴 수 있는 거란다. 즉 100kgf*의 물체를 50kgf의 힘만 주면 들어 올릴 수 있게 되는 거지. 움직도르래는 공사 현장의 타워크레인에서 많이 사용되고 있어. 아마 많이 보았을 거야.

이런 움직도르래와 고정도르래를 여러 개 연결해서 사용하면 더 작은 힘으로, 힘의 방향도 마음대로 바꾸면서 물체를 쉽게 들어 올릴 수 있는 거란다. 아주 간단한 도구를 사용해서 어마어마한 성을 멋지게 쌓아 올릴 수 있었던 거지. 대단하지 않니?

지레라는 도구는 뭔가요?

어렸을 때 엄마와 시소를 타 본 적이 있니? 몸무게 차이가 많은 엄마와 아기가 시소를 함께 탈 수 있는 이유는 뭘까? 엄마가 아이를 들어 올린다고? 그럼 엄마가 위로 올라갈 때는 아이가 엄마를 들어 올리는 것이잖니? 힌트! 시소를 탈 때 엄마와 아이가 앉는 위치를 잘 생각해 보렴. 이게 바로 지레의 원리야.

엄마는 시소의 중심에서 가까운 안쪽에, 아이는 중심에서 먼 뒤

kgf
무게를 재는 단위로 1kgf는 질량 1kg의 물체에 작용하는 중력의 크기임.

◀ 지레의 원리를 이용한 시소

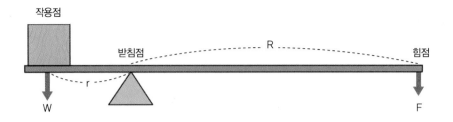

▲ 지레의 원리
물체의 무게(w)×작용점까지의 거리(r) = 힘(F)×힘점까지의 거리(R)
받침점으로부터 멀리 떨어진 힘점에서 작은 힘(F)을 사용해서 받침점에서
가까운 위치인 작용점의 무거운 물체(w)를 들어 올릴 수 있다.

쪽에 앉아야 균형이 맞게 되지. 아이 입장에서는 자신의 적은 몸무게로 무거운 엄마를 들어 올리게 되는 거야. 즉 작은 힘으로 무거운 물체를 들어 올리게 되는 거란다. 그리스의 아르키메데스는 자신에게 긴 막대와 받침대만 준다면 지구도 들어 올릴 수 있다고 장담했대. 바로 지레의 원리를 믿고 큰소리를 칠 수 있었던 거지. 아는 게 힘이지? 지레를 이용한 생활 도구들로는 손톱깎이, 병따개, 펜치, 스테이플러, 가위, 젓가락 등등이 있단다.

빗면도 도구인가요?

피라미드를 보면 100미터가 넘는 높이까지 돌을 쌓아 올렸잖니? 기중기도 없는 그 옛날에 어떻게 이런 일이 가능했을까? 아마도 빗면을 사용해서 물체를 끌어 올렸을 것이라 생각하고 있단다. 그림처럼 경사가 다른 비탈을 이용해서 같은 높이로 물체를 끌어 올릴 때 어떤 경우가 힘이 덜 들까? 그렇지 경사가 완만할수록 더 쉽게 물체를 위까지 끌어 올릴 수 있겠지.

이건 우리가 지리산을 오를 때 가파른 길을 택해서 갈 때와 경사

▶ 높이는 같고 경사가 다른 빗면

▲ 등산길 두 가지

가 완만하고 구부러진 길을 따라 갈 때의 경우와 같단다. 가파른 길로 올라가면 가는 거리는 짧지만 힘은 엄청 들어. 반면에 완만한 길로 가면 거리는 멀어지지만 작은 힘만 사용해도 올라갈 수 있는 거고 말이야. 뭘 택할래? 성격 나름이겠지?

옛날에 큰 공사를 할 때 물체를 높이 올리기 위해 흙을 파서 빗면을 만들었다고 해. 그래서 피라미드처럼 거대한 건축물을 하나 완성하려면 근처의 산이 하나 사라져 버렸을 정도래. 산의 흙을 파서 점차 높아지는 건축물 옆에다 빗면을 함께 만들었기 때문이지. 이처럼 빗면은 힘을 적게 들여서 일을 할 수 있도록 해 준단다. 빗면을 이용한 도구들로는 나사못, 지퍼, 도끼날, 칼날, 계단, 비탈길 등이 있단다.

도구를 사용하면 한 일의 양이 달라지나요?

도구를 사용해서 일을 하면 힘을 적게 들이거나 아니면 힘의 방향을 바꾸어서 일을 쉽게 할 수 있지. 한 일의 양은 어떻게 될지 생각해 보자꾸나. 앞에서 〈일의 양= 힘×이동 거리〉라고 말했지? 고정도르래처럼 방향만 바꾸는 경우는 힘과 이동 거리에 변화가 없으니 당연히 한 일의 양은 같겠지.

움직도르래의 경우 힘은 절반으로 줄지만 대신 들어 올려야 하는 이동 거리는 두 배가 된단다. 즉 힘이 줄어드는 것과 반대로 이동 거리는 늘어나는 거지. 그러니 한 일의 양은? 역시 그대로란다. 빗면이나 지레도 마찬가지란다. 물체를 끌어 올리거나 들어 올리는 거리는 늘어나지만 힘이 적게 들므로 그 곱은 같아져서 한 일의 양은 변하지 않는 거지.

이렇게 도구를 사용해서 일을 하더라도 한 일의 양에는 변화가 없어. 즉 힘에는 이득이 있으나 일에는 이득이 전혀 없는 거지. 이것

1. 같은 물체를 1m 들어 올릴 때

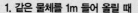

❶ 도르래를 사용 안 했을 경우.

❷ 움직도르래를 사용한 경우.

일 = 10N×1m = 10J

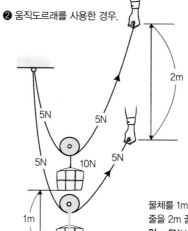

2m

5N 5N

5N 10N 5N

1m

10N

물체를 1m 들어 올리려면 5N의 힘으로
줄을 2m 끌어 올려야 한다.
일 = 5N×2m = 10J
※ 한 일의 양은 서로 같다.

2. 시소(지레의 원리)

3m

90N

270N

1m

아이가 한 일 = 90N×3m = 270J
엄마가 한 일 = 270N×1m = 270J
※ 한 일의 양은 서로 같다.

3. 빗면을 이용하여 올렸을 때와 그냥 올렸을 때

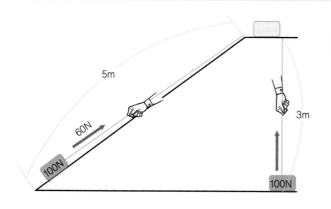

5m

60N

100N

3m

100N

바로 들어 올릴 때 한 일 = 100N×3m = 300J
빗면으로 끌어 올릴 때 한 일 = 60N×5m = 300J
※ 한 일의 양은 서로 같다.

을 '일의 원리'라고 한단다.

일에는 이득이 없는데도 도구를 사용하는 이유가 뭐냐고? 도구를 사용하지 않았다면 커다랗고 멋진 건축물의 완성은 아예 불가능했겠지. 또 힘을 많이 들여서 힘들게 일을 하는 것보다는 일을 하는 거리가 늘어나서 시간이 좀 더 걸리더라도 힘을 덜 들이고 쉽게 일을 할 수 있는 장점이 있는 거지.

누가 더 일을 잘하는지 어떻게 아나요?

더 많은 이윤*을 추구하는 회사에서는 같은 일을 하더라도 일을 빨리 마치는 사람을 더 좋아할 거야. 특히 회사의 사장님들은 말이지. 반면 어떤 사람들은 거북이처럼 느릿느릿 일을 해. 이 두 사람의 일하는 능력을 비교하려면 어떻게 하면 되겠니? 그래, 같은 시간 동안 두 사람이 한 일의 양을 비교하면 누가 더 일을 많이 하는지 비교할 수 있겠지. 이것을 '일률'이라고 한단다.

이윤
기업의 총수입에서 일체의 생산비, 즉 원가, 각종 세금, 임금 및 이자 등을 제하고 남은 소득.

일률(P)= 한 일의 양(W)/시간(t)

일률의 단위는 W(와트)*를 사용한다.

1W는 1초 동안 1J의 일을 할 때의 일률이다.

즉, 1W=1J/1초

제임스 와트
영국의 기계 기술자. 팽창작동, 보일러의 매연방지장치, 압력계 등의 발명과 마력의 단위에 의한 동력의 측정 등이 주요한 업적이다.

일률의 단위로는 와트 외에도 마력馬力이 있어. 옛날에는 운송 수단이나 일을 할 때 말을 많이 사용했기 때문에 말을 기준으로 한 '마력'이라는 단위를 사용하게 된 거란다. 1마력은 보통 말이 75kg의 물체를 1초에 1미터 들어 올린다는 사실로부터 정의된 것이야. 마력은 자동차 엔진 등의 단위로 지금도 쓰이고 있지. 소형 자동차의 경우 일률은 100마력 정도 된다고 하는구나. 즉 100마리의 말이 하는 능력과 같은 거니 대단하지 않니? 자동차의 엔진 하나가 100

마리의 말이 일하는 능력과 비슷하다니 말이야.

현대 사회는 일률을 높이는 것이 생산성을 높이는 것이기 때문에 일의 능률을 높이는 도구를 개발하는 연구를 계속하고 있단다. 이것이 일을 하는 사람들에는 어떤 결과를 가져 올까? 회사에서 일을 하는 사람들은 같은 시간에 더 많은 일을 하게 되는 것이겠지. 대표적인 도구가 컨베이어 벨트야. 끊임없이 돌아가는 컨베이어 벨트에서 일거리가 쏟아져 나오니 잠시 쉴 틈도 없이 일을 해야 하는 거야. 영화배우이자 감독인 채플린*은 이런 실태를 고발하는 '모던 타임스' 같은 비판적인 영화를 많이 만들기도 했단다.

채플린

영국의 희극배우 · 영화감독 · 제작자. 1914년 첫 영화를 발표한 이래 《황금광 시대》, 《모던 타임스》, 《위대한 독재자》 등 무성영화와 유성영화를 넘나들며 날카로운 풍자와 비판을 담은 위대한 대작을 만들어 냈다. 콧수염과 모닝코트 등의 이미지로 세계적인 인기를 얻었다.

기술의 발전과 노동자의 삶

산업혁명과 기계 파괴 운동

도구의 발명으로 사람들은 같은 시간에 더 많은 일을 해서 더 많은 물건들을 만들어 낼 수 있게 되었단다. 이런 기술의 발전에 힘입어 18세기 영국에서 일어난 산업혁명은 점차 퍼져 나가 20세기 후반에는 세계의 많은 지역으로 확산되었어.

산업혁명은 공업화라고 할 수 있는데 기술 발전이 지속적으로 이루어진 것을 말해. 농촌 중심의 사회가 와해되면서 점차 공업화의 사회로 변하게 된 거지. 특히 와트가 발명한 증기기관은 산업혁명을 혁명이라 부를 수 있게 한 엄청난 기술이었어.

기술의 발전으로 다양한 도구가 발명되면 사람은 편하게 살 수 있어서 좋았을 것 같은데 현실은 꼭 그렇지만은 않았단다. 1811~1817년 영국 중북부의 직물 공업 지대에서 노동자들이 일으켰던 '러다이트 운동'이라고 불리는 기계 파괴 운동은 그 결과 벌어진 일이라 할 수 있어. 한 대의 기계가 여러 사람이 하던 일을 대신하면서 사람의 일자리가 줄어들어 실업자가 넘쳐 났고 그 결과 노동자의 임금은 점점 낮아지게 되어 사람들의 생활고가 심각했단다. 노동자들은 이 원인을 기계의 탓으로 돌리고 기계를 파괴하는 운동을 일으켰던 거야. 이 운동은 정부와 자본가의 가혹한 탄압으로 진압되었지.

이렇게 산업혁명은 많은 사회 문제를 초래했어. 기계 파괴 운동도 그래서 일어난 거였지. 이후에 노동자들은 노동조합을 결성하여 조직적인 힘을 통해 새로운 사회를 이룩하려 노력했단다. 문제 해결 방법으로 자신들의 요구를 내걸고 파업을 하기도 했어. 그 노력의 결과로 12시간 이상의 노동 및 심야 작업을 금지시킨 것을 비롯하여 점차 청소년의 노동 시간이 단축되고, 1847년에는 1일 노동 시간을 10시간으로 하는 법안이 만들어졌고 현재는 8시간 또는 6시간 노동을 하게 된 거란다. 우리나라도 그런 과정을 거쳐 현재 법적 노동 시간이 8시간이 된 거지.

어때? 과학 기술의 발전에 의해 만들어진 능률적인 도구가 반드시 모든 사람에게 편하고 행복한 삶을 가져다준다고 할 수는 없겠지? 과학 기술의 혜택이 소수에게만 돌아가 나머지 사람들은 그 혜택에서 소외되거나 오히려 더 고통을 받기도 했단다. 이 문제는 우리가 앞으로 과학 기술의 발전과 더불어 놓치지 말고 꼭 생각해야 할 부분이란다.

과학에서의 일

02 일과 에너지는 어떤 관계가 있나요?

물체가 무엇인가를 할 수 있는 능력을 뭐라고 하나요?

볼록렌즈를 이용하여 햇빛을 모아 종이를 태워 본 적이 있니? 햇빛은 종이를 태우는 능력도 있고, 찬물의 온도를 높여 따뜻하게 하는 능력도 있어. 햇빛이 가지는 이 능력을 '에너지'라고 해. 열을 만들어 온도를 높이는 능력은 햇빛만이 가지고 있을까? 아니야. 나무나 석유를 태우거나, 추울 때 손바닥을 문질러도 열이 나고 온도가 올라가는 것을 알고 있지? 나무나 석유, 손바닥 문지르기는 온도를 높이는 능력을 가지고 있어. 이들도 모두 에너지를 가지고 있는 거지.

어떤 물질이나 물체가 에너지를 가지고 있다면 온도를 높이는 것 외에 무엇을 하면서 그 능력을 표현할까? 석유가 자신의 에너지를 이용하여 어떤 능력을 발휘하는지 한번 볼까?

와! 석유가 가진 에너지가 결국 주전자 뚜껑을 들썩이는 일을 하네. 그렇다면 저 먼 우주에서 땅으

석유가 가진 에너지를 전해받은 나는 주전자 뚜껑을 들어 올리는 일을 할 수 있어.

석유

나는 높은 곳에서 가지고 있던 에너지를 이용하여 큰 구덩이를 파는 일을 할 수 있다!

로 떨어진 운석도 자신이 가진 에너지로 일을 할 수 있을까?

와우! 땅과 충돌하여 엄청나게 큰 구덩이를 파는 일을 했네. 우주에서 지구로 떨어진 운석이 가진 에너지라 그 크기가 정말 대단하다. 그렇지? 이처럼 에너지는 주전자 뚜껑을 움직이거나 구덩이를 파는 일의 양으로 그 능력과 크기를 표현해. 그래서 에너지를 '일을 할 수 있는 능력*'이라고도 한다.

일을 통해 물체의 에너지는 어떻게 되나요?

망치로 못을 박는 예를 하나 볼까? 내가 망치를 들어 올리는 일을 하면 망치는 못을 박을 수 있는 에너지를 갖게 돼. 하지만 나의 에너지는 어떻게 될까? 그래, 망치를 들어 주는 일을 한 것만큼 소모가 돼. 에너지를 얻은 망치가 아래로 떨어져 못을 박는 일을 하게 되면 망치의 에너지는 어떻게 될까? 마찬가지로 망치 입장에서는 못을 박는 일을 했으니까 에너지를 잃게 되지. 대신 못은 에너지를 얻게

에너지 단위
에너지는 일을 할 수 있는 능력이므로 보통 일을 통해 그 크기를 표현한다. 물체에 한 일의 양은 에너지의 변화량과 같기 때문에 에너지의 단위는 일의 단위인 'J'을 사용한다.

망치가 받은 일

망치가 하는 일

되어 나무와의 마찰을 이기고 깊이 박혀 들어가.

　망치만 생각해 보면 일을 받은 망치는 에너지가 증가하고 일을 한 망치는 에너지가 감소해. 하지만 일을 하면서 내가 가진 에너지는 망치에게로, 망치의 에너지는 못에게로 계속 전달되고 있음을 알 수 있어. 그래, 맞아. 각각의 물체 입장에서는 에너지가 증가하거나 감소하지만 전체적으로 에너지는 일을 통해 다른 물체에게로 전달이 되고 있을 뿐이야. 즉 에너지는 생성 소멸되지 않고 일을 통해 다른 형태의 에너지로 계속 전환이 되고 있다는 것을 알 수 있지.

　우리에게 이름이 있듯이 에너지도 종류에 따라 구별하는 이름이 있을까? 물론이지. 에너지도 이름을 지어 주어야 그 성격과 특성을 파악할 수 있어. 에너지는 상황에 따라 매우 다양한 이름을 갖게 되는데 모두를 소개하기는 곤란하고 자주 나오는 에너지 이름만 알아보도록 하자꾸나.*

에너지의 이름
파동에너지, 소리에너지, 핵에너지, 빛에너지 등과 같이 에너지를 가진 상황을 잘 전달하기 위해 에너지의 이름은 다양하게 사용된다.

높은 곳에서 바위가 떨어지면 왜 위험할까요?

설악산에 흔들바위라는 것이 있는데 구경한 적 있니? 바위를 밀면 거대한 바위가 흔들거린다 하여 흔들바위야. 이 바위를 10층 높이에서 흔들어 떨어뜨리면 어떻게 될까? 헉! 상상하기도 끔찍하다고? 그럼 1층 바닥에 가만히 놓고 흔든다면 어떨 것 같아? 그야 아무런 걱정 없이 바위 옆에서 놀고 있겠지. 낙서도 좀 하면서 말이야.

그렇다면 같은 10층 높이에서 구슬 하나가 떨어진다면 어떨 것 같니? 좀 위험하긴 해도 흔들바위보다 훨씬 안심이 된다고? 그래, 높은 곳에서 물체가 떨어지면 그 물체가 가지는 위치에너지 때문에 바닥에 충격이 가해져. 떨어지는 높이가 높으면 높을수록 위치에너지가 크니까 충격도 더 크겠지? 거기다가 바위처럼 질량이 크다면 위치에너지의 크기는 불에 기름을 붓는 것과 같이 커질 테고 말이야. 그래서 높은 곳에 있던 바위가 떨어지면 위험한 거란다. 산을 깎

아 만든 도로에 낙석 방지 시설과 낙석 주의 표지가 있는 이유이기도 해. 그렇다면 몸무게가 많이 나가는 사람이 고층 아파트에 살면 위치에너지[*]가 크니까 더 조심해야 되는 건 아닐까?

도로에서 속력 제한을 많이 하는 이유는 무엇일까요?

속력이 빠른 태풍은 우람한 나무를 뿌리째 뽑아 날릴 수 있는 큰 운동에너지가 있지만, 천천히 부는 산들바람은 나뭇잎만을 팔랑거리는 작은 운동에너지가 있다고 할 수 있지. 속력의 크기에 따라 변하는 운동에너지는 움직이는 물체의 질량과도 상관이 있어. 하지만 도로를 주행할 때 속력에 대한 제한은 있지만 차의 질량에 대한 제한은 많지 않아. 왜 그럴까?

그림은 모형 자동차의 질량이나 속력에 따라 자를 밀어내 일을 하는 능력인 운동에너지[*]의 크기를 확인하는 실험 결과야.

달리는 자동차의 질량이 2배, 3배씩 증가하면 충돌 후 자가 밀리

위치에너지
위치에너지는 무게×높이, 또는 9.8×질량×높이로 그 크기를 구한다. 높이는 기준에 따라 달라지기 때문에 위치에너지는 그 변화량의 크기에 더 큰 의미를 둔다.

운동에너지
운동에너지는 1/2×질량×속력^{2}으로 그 크기를 구한다.

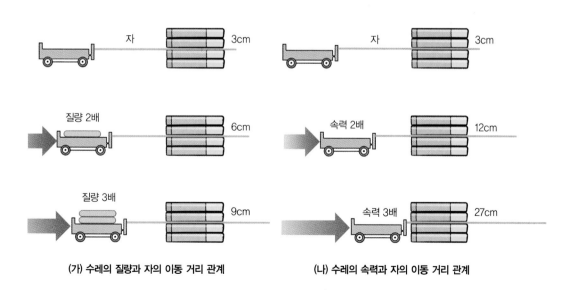

(가) 수레의 질량과 자의 이동 거리 관계   (나) 수레의 속력과 자의 이동 거리 관계

는 거리도 2배, 3배로 증가해. 질량이 증가한 비율만큼 운동에너지가 증가한다는 걸 알 수 있지? 하지만 자동차의 속력이 2배, 3배로 증가할 때 자가 밀리는 거리는 4배, 9배로 증가함을 알 수 있어. 자를 밀어내는 능력인 자동차의 운동에너지가 속력 제곱으로 증가하고 있다는 거지. 시속 50킬로미터에서 시속 100킬로미터로 속력을 2배 높이면 운동에너지는 4배로 증가해. 만약 빠른 속력으로 달리던 자동차가 충돌하여 사고가 난다면 그 피해는 급격히 증가한다는 말이 되겠지. 그래서 속력을 제한하고, 무인 카메라를 장치하여 과속을 단속하고 있는 거란다.

놀이동산의 롤러코스터는 어떻게 엔진 없이 움직일 수 있을까요?

공을 들고 있다가 가만히 놓으면 공의 속력은 어떻게 될까? 그림에서 보는 것처럼 낙하하는 공의 속력은 점점 빨라져. 높은 곳에서 출발할 때 공은 무슨 에너지를 가지고 있을까? 위치에너지야. 바닥에 닿는 순간에는? 운동에너지지. 출발점에서 도착점까지 가는 동안에는? 운동에너지와 위치에너지를 모두 가지고 있어. 이때 운동에너지와 위치에너지를 합해 역학적 에너지*라고 해.

출발점 A의 역학적 에너지는 위치에너지(운동에너지가 0인 경우)뿐이고, 도착점 B의 역학적 에너지는 운동에너지(위치에너지가 0인 특별한 경우)뿐인 특별한 경우라고 할 수 있다. 공이 떨어지면 속력이 점점 빨라지기 때문에 위치에너지는 감소하고 운동에너지는 증가해. 만약, 공을 위로 던져 올린다면 속력이 점점 느려지기 때문에 떨어질 때와 반대로 운동에너지가 감소하고 위치에너지가 증가하겠지? 운동하는 물체의 높이가 변할 때 위치에너지와 운동에너지 크기는 마치 시소를 타듯이 하나가 줄면 다른 하나는 반드시 증가하게 돼. 탁구

역학적 에너지
역학적 에너지= 위치에너지+운동에너지

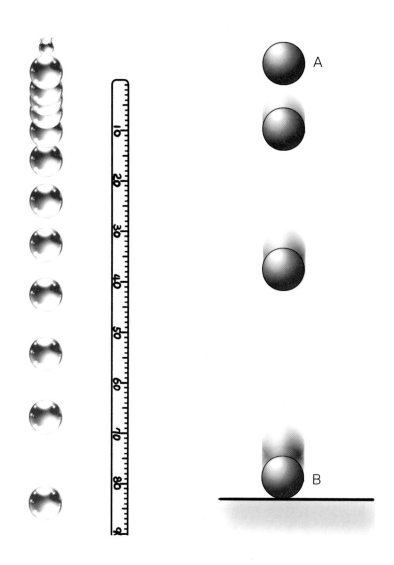

공을 치듯 서로의 에너지양을 주고받는다는 거지. 이를 '역학적 에너지 전환'이라고 해.

　이 원리를 가장 잘 응용한 곳이 놀이동산이야. 놀이동산에 가면 오르락내리락 원을 그리며 빠르게 달리는 롤러코스터, 놀이터의 그네처럼 진동하는 바이킹, 높은 곳으로 끌어 올렸다가 갑자기 낙하

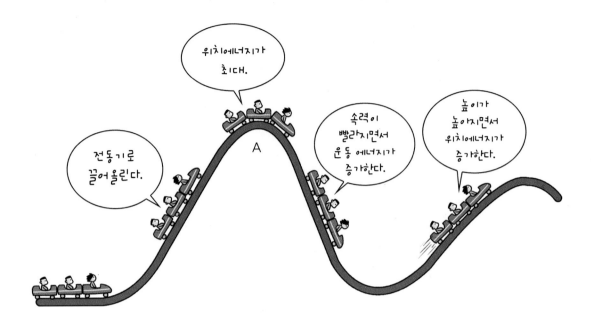

하는 아찔한 자이로드롭 등과 같은 다양한 놀이기구가 있어.

　그림처럼 전동기로 끌어 올린 롤러코스터가 최고 높은 A점에서 출발한 이후에 엔진도 없이 계속 움직인다는 것은 알고 있니? 어떻게 엔진도 없이 계속 아슬아슬한 곡예를 할 수 있을까? 비밀은 역학적 에너지 전환에 있어. 전동기로 A점까지 끌어 올린 롤러코스터는 역학적 에너지위치에너지를 얻게 된 거지. 이후 레인을 따라 내려오거나 올라갈 때 롤러코스터의 역학적 에너지인 운동에너지와 위치에너지는 계속 상호 전환하는 걸 알 수 있어.* 이 때문에 롤러코스터는 엔진 없이 계속 움직이는 거야.

역학적 에너지 전환
내려올 때 높이(위치에너지)감소,
　　　　　속력(운동에너지)증가
올라갈 때 속력(운동에너지)감소,
　　　　　높이(위치에너지)증가

롤러코스터가 멈추지 않고 계속 달릴 수 있을까요?

　이 대답은 놀이동산에 가 봤던 너의 관찰력과 경험에 달렸어. 롤러코스터가 최고점에서 출발하여 달리는 동안 높이가 어떻게 변하는지 관찰해 본 적이 있니? 뭐라고? 타는 데 몰입해서 생각해 본 적이 없다고? 그럴 줄 알았어.

높이를 비교해 보면 출발 지점이 가장 높고 이후로 점점 낮아져. 왜 그럴까? 예전에 원시인들이 불을 붙일 때 나무를 마찰시켜서 불을 얻었다고 했지? 나무를 문지르면 마찰 때문에 열이 생겨. 추운 겨울에 손바닥을 문지르면 열이 나듯이 말이야.

달리는 롤러코스터도 바퀴와 레일 사이에 마찰이 있어. 마찰을 이기고 계속 달려야 하는 롤러코스터는 처음 자신이 가진 역학적 에너지를 잃게 되고 대신 열에너지가 발생하게 돼. 마찰 때문에 역학적 에너지를 계속 잃은 롤러코스터는 원래 높이까지 올라갈 수가 없게 되므로 올라갈 수 있는 높이는 점점 낮아져. 대신 마찰로 인해 발생하는 열에너지의 양은 점점 증가하게 되지. 하지만 롤러코스터가 움직이는 동안 각 지점에서 역학적 에너지와 열에너지를 합해 전체 에너지 크기를 계산해 보면 변화가 없어*. 다른 형태의 에너지로 전환이 되더라도 전체 에너지의 크기는 언제나 일정하게 보존이 되는 거지. 이를 '에너지 보존'이라고 해.

만약, 마찰과 저항이 사라진다면 어떻게 될까? 롤러코스터의 역학적 에너지는 소모되지 않으니까 항상 처음과 같은 높이까지 계속 올라갔다 내려오기를 반복하겠지. 이처럼 마찰과 저항이 사라진다면 운동하는 물체의 역학적 에너지는 어느 지점을 선택하든지 항상 그 크기가 같을 거야. 역학적 에너지가 보존된다면 신 날까? 만약 그렇게 되면 항상 처음 높이까지 오르내리기 때문에 롤러코스터의 운동이 멈추지 않겠지. 그 롤러코스터에 탄 난 언제쯤 발을 땅에 디딜 자유가 생길까? 이런 걸 생각하면 별로 신 나지 않을 거야.

에너지 보존
역학적 에너지가 감소된 만큼 열에너지가 증가하기 때문이다.
예) 역학적 에너지 감소량(100J)= 열에너지 증가량(100J)

자연은 평형 상태를 좋아해

우리는 에너지가 고갈될지도 모르니 아껴 써야 한다, 새로운 에너지를 개발하여 앞으로 닥칠 에너지 고갈 문제에 대비해야 한다는 이야기를 자주 들어. 에너지는 생성 소멸되지 않고 항상 그 크기가 일정하게 보존된다고 하는데 왜 우리는 에너지가 줄어든다고 걱정하는 걸까?

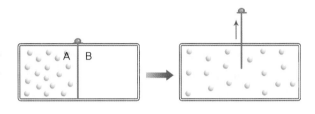

롤러코스터 운동에서 마찰로 발생한 열에너지를 다시 역학적 에너지로 전환하는 것은 가능한 걸까? 이 열에너지를 다시 이용하면 에너지 문제는 간단하게 해결될 텐데…. 아쉽게도 자연은 우리에게 이런 좋은 기회를 주지 않아.

그림처럼 칸막이가 있는 상자를 하나 상상해 봐. A에만 공기를 가득 넣고 잠시 후에 칸막이를 열면 공기는 A와 B 전체에 골고루 퍼져 버려.

또한 뜨거운 물과 차가운 물을 섞으면 열은 항상 뜨거운 물에서 차가운 물로 이동하지. 하지만 아무리 오랫동안 지켜보아도 공기가 저절로 A로 모이거나, 차가운 물로 이동한 열이 다시 뜨거운 물로 모이지 않아. 잉크 방울이 물에 떨어져 퍼지고, 담배 연기가 공기 중으로 퍼져 나가지만 처음 상태로 돌아오지 않듯이 말이야.

과학자들은 물질이나 에너지가 한곳에 모여 있는 상태와 비교하여 전체적으로 골고루 퍼져 평형을 이루어가는 상태를 무질서하다고 표현해. 이러한 무질서의 크기를 나타내는 말이 '엔트로피'야. 자연은 평형 상태[*]를 원하므로 열은 고온에서 저온으로, 공기는 고기압에서 저기압으로 이동하지. 즉 자연은 엔트로피가 증가하는 방향으로만 변해.

롤러코스터 운동에서 마찰과 저항으로 생긴 열은 공기 중으로 퍼져 버려. 석탄, 석유가 가진 화학에너지를 이용하여 자동차를 움직이고 난방을 해도 자동차의 열효율[*]은 20퍼센트도 되지 않아. 나머지 열은 일하는 동안 공기 중으로 버려지는 거지. 우리 인간의 입장에서 본다면 사용 가능한 에너지에서 사용 불가능한 에너지로 전환된 거야. 공기 중으로 퍼진 열은 일방통행이라 저절로 다시 모이지 않아.

지구를 둘러싼 전체 공기나 물이 가진 열에너지의 양은 얼마나 많을까? 이 에너지의 일부라도 저절로 자동차 엔진 속으로 모여든다거나 보일러로 모여 물을 덥힌다면 우리는 에너지 걱정을 하지 않아도 될 텐데 말이야. 하지만 자연의 법칙은 이를 허용하지 않으니 겸손하게 지금 사용하는 에너지를 아껴 쓰고 대체 에너지를 개발할 수밖에 없는 거야.

평형 상태

평형 상태란 겉보기에 아무런 변화가 일어나고 있지 않은 상태를 나타낸다. 공기나 열이 전체 공간으로 골고루 퍼진 상태이며 이 평형 상태로의 변화를 무질서도가 커진다고 표현한다.

열효율

자동차 엔진에서 연료를 태워 만들어진 열이 자동차를 달리는 일로 전환된 비율을 나타낸 값

에너지 전환과 보존

03 열의 정체는 뭔가요?

열과 온도는 어떻게 다른가요?

기상 캐스터
방송에서 날씨에 대한 예보를 하는 사람.

뉴스의 기상 캐스터[*]가 "오늘의 최저 기온은 5℃이고, 최고 기온은 20℃가 되겠습니다."라고 말하거나 혹은 의사가 "우리 몸의 정상 체온은 36.5℃야."라고 말하는 것을 쉽게 들을 수 있지? 온도가 몇 ℃라고 하면 우리는 어느 정도로 뜨거운지 혹은 차가운지 짐작할 수 있어. 온도는 이와 같이 물질의 뜨겁고 차가운 정도를 나타낸 것인데 온도계로 측정하여 숫자로 나타내지. 그럼 열과 어떻게 다르냐고?

수조
물을 담아 두는 큰 통.

15℃의 물이 든 수조[*]에 90℃의 물이 든 비커를 넣는다고 생각해 보자. 시간이 지나면 어떻게 될까? 시간이 지날수록 비커 속 물의 온도가 낮아지고, 수조 속 물의 온도가 높아져 결국 온도가 같아진다고? 맞아.

그럼 왜 비커 속 물의 온도는 낮아지고, 수조 속 물의 온도는 높아졌을까? 그것은 비커 안의 물에서 무엇인가 수조 속으로 이동했기 때문인데, 그것을 우리는 열이라고 하지. 뭐라고? 이동한 것을 열 대신 온도라고 하면 간단할 것 같다고? 아니야. 온도가 15℃인 물질과 90℃인 물질을 접촉시켜 줄 때 옮겨간 것이 온도라고 한다면 항상 온도가 (90-15)/2=37.5℃만큼 변해야 해. 온도가 15℃인 물질은

나중 온도가 52.5℃로, 90℃인 물질도 나중 온도가 52.5℃로 되어야 하지. 그런데 물질의 양이나 물질의 종류에 따라 나중 온도는 그때그때 다르단다. 그러므로 이동한 것을 온도라고 할 수 없어. 그래서 온도 아닌 다른 것을 생각하게 되었고 그것을 열이라고 한 거야. 정리하면, 온도는 물질의 뜨겁고 차가운 정도를 나타내는 것이고 열은 온도를 올려 주는 원인으로 생각한 거야.

잘 모르겠다고? 그릇에 물을 붓는다고 생각해 봐. 그릇에 물이 들어갈수록 그릇에 담긴 물의 높이가 높아지잖아. 이때 우리가 쉽게 잴 수 있는 그릇 속 물의 높이를 온도에 비유할 수 있고, 물의 높이를 올리는 원인인 물을 열로 비유할 수 있어. 열의 많고 적음은 열의 양, 즉 열량으로 표시하는데 cal(칼로리)*를 단위로 써서 나타내.

열은 어느 방향으로 이동하나요?

열의 이동 현상을 연구하던 과학자들은 온도가 다른 두 물질 사이에서 열이 이동한다는 것을 알아냈어. 그럼 열은 온도가 높은 물질에서 낮은 물질로 이동할까? 아니면 온도가 낮은 물질에서 높은

cal(칼로리)
열량의 단위. 1cal는 물 1g을 온도 1℃ 높이는 데 필요한 열량. 만약 온도가 15℃인 물 20g을 20℃로 올려 주려면 20g×(20℃-15℃)=100cal의 열량을 가해 주어야 한다.

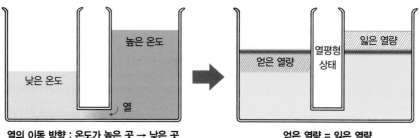

▲ 열의 이동과 열평형
열은 높은 온도에서 낮은 온도로 이동한다. 잃은 열량은 얻은 열량과 같다.

물질로 이동할까? 그것은 우리의 경험에서 쉽게 알 수 있지. 앞의 예에서 보듯이 온도가 높은 비커 속 물은 온도가 낮아지고 온도가 낮은 수조 속 물은 온도가 높아지는 것으로 보아 열은 온도가 높은 물질에서 온도가 낮은 물질로 이동하는 것을 알 수 있어. 열은 항상 온도가 높은 물질에서 낮은 물질로 이동한다는 거지.

열이 이동하여 두 물질의 온도가 같아지면 열의 이동이 더 이상 일어나지 않는다는 것은 쉽게 이해하겠지? 이렇게 두 물질의 온도가 같아져 열의 이동이 일어나지 않을 때를 열평형 상태에 도달했다고 해. 열평형 상태가 될 때까지 열은 끊임없는 여행을 해야 할 거야. 열의 이동 원리와 열평형을 이해하면 온도가 다른 두 물질을 접촉시키거나 섞을 때 도달하는 온도를 미리 알아낼 수 있단다.

열은 어떤 방법으로 이동하나요?

열의 이동 방법에는 고체에서 열이 이동하는 전도, 액체나 기체에서 열이 이동하는 대류, 열이 직접 이동하는 복사가 있어.

금속 젓가락의 한쪽 끝을 불에 넣어 주면 열이 젓가락 한쪽 끝에서

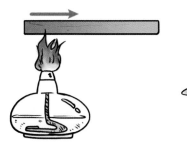

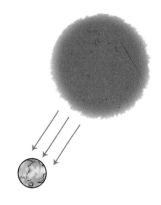

열의 전도
열이 물질을 타고
차례로 이동함.

열의 대류
열을 받은 물질이
움직여서 열이 이동함.

열의 복사
태양→ 지구
열이 직접 이동함.

▲ 전도, 대류, 복사 방법

차츰차츰 이동하여 다른 쪽 끝까지 뜨거워지는 것처럼 열이 물체를 따라 차례로 이동하는 것을 '전도'라고 해.

시험관의 물 아래쪽을 알코올램프로 데우면 물 전체가 금방 데워지지만, 시험관의 물 위쪽을 데우면 쉽게 물 전체가 데워지지 않지. 그 이유는 물은 고체 상태의 물질처럼 전도에 의해서 열이 잘 이동되지 않기 때문이야. 데워진 아래쪽 물은 위쪽 물보다 가벼워져서 위로 올라가고 대신 위쪽 물이 내려오면서 전체 물이 데워지지. 이렇게 열을 받은 물질이 직접 돌고 돌면서 열이 이동되는 방법이 '대류'란다.

물질이 없으면 전도나 대류가 되지 않으니 열은 전달되지 않을까? 아니야. 태양의 열에너지는 우주의 진공 속을 이동해서 우리를 따뜻하게 만들어 주잖아. 그것으로 미루어 보아 열은 물질의 도움 없이 직접 이동하는데 그것을 우리는 열의 '복사'라고 해.

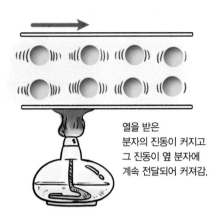

열을 받은
분자의 진동이 커지고
그 진동이 옆 분자에
계속 전달되어 커져감.

열을 받은 분자의 운동이
활발해져 분자 사이의 거리가
멀어지고 다른 부분보다
가벼워져 위로 올라간다.

▲ 쇠젓가락을 가열할 때 분자 운동   ▲ 물을 가열할 때 분자 운동

앞에서 열이 에너지의 한 종류라는 것을 배웠지? 또 온도가 높을수록 분자의 운동이 활발해지는 것도 배웠어. 즉 열은 물질을 구성하는 분자의 운동에너지를 높이는 원인이라고 할 수 있단다. 그러므로 물질을 통하여 열이 이동하는 전도와 대류를 분자의 운동으로 설명할 수 있어.

온도가 높을수록 물질을 이루는 분자들의 평균 운동이 활발해지므로 젓가락 끝에 열을 주면 열을 받은 분자들은 운동이 활발해지게 돼. 이 운동이 열을 받지 못한 부분의 느린 분자들과 충돌하게 되고, 그 충돌로 느린 분자들도 점점 운동이 빨라지게 되는 거야. 이와 같이 열의 전도는 분자 운동이 전달되는 현상이기도 하지.

액체나 기체의 열을 받은 부분의 물질은 분자들의 운동이 활발해지고 분자 사이의 거리가 멀어지며 가벼워지지. 가벼워진 물질은 위로 올라가고 무거운 물질이 아래로 내려와 같은 과정을 거치지.

해수욕장의 모래가 물보다 더 뜨거운 이유는?

여름철 한낮에 해수욕장에 가면 모래는 발을 데일 정도로 뜨겁지만 물은 시원하다는 건 알고 있지? 육풍*과 해풍*이 부는 원리에서도 나왔잖아. 분명히 모래나 물 모두 태양에서 같은 열량을 받았을 텐데 왜 온도가 다를까? 그것은 물과 모래가 같은 온도만큼 올라가는 데 필요한 열량이 다르기 때문이야. 해수욕장에서는 모래가 온도 1℃ 올라가는 데 필요한 열량이 물보다 적게 드는 셈이지.

다른 예를 볼까? 같은 질량의 식용유와 물을 같은 화력의 가스 불에 올려놓고 가열한다고 생각하자. 일정 시간이 흐른 후 불을 끄고 온도를 측정하면 식용유의 온도가 물의 온도보다 훨씬 높아져 있단다. 튀김을 하기 위해 기름을 가스 불 위에 올려놓았을 때에는 시간이 얼마 지나지 않아도 튀길 수 있게 온도가 올라가지만, 라면을 끓이기 위해 같은 시간 동안 가열한 물은 별로 뜨겁지 않았던 경험을 한 적이 있잖아.

그 이유는 같은 양의 물질을 온도 1℃ 높이는 데 필요한 열량이 물질마다 다르기 때문이란다. 물질 1g을 온도 1℃ 올리는 데 필요한 열량을 물질의 '비열'이라고 해. 비열은 물질의 종류마다 다르므로 물질의 특성이 되는 셈이야. 우리 주변의 몇 가지 물질의 비열은 다음 표와 같단다.

고체 물질	비열	액체 물질	비열	기체 물질	비열
유리	0.2	물	1.0	산소	0.22
구리	0.09	에탄올	0.59	이산화탄소	0.20
철	0.11	아주까리기름	0.51	공기	0.24

모래의 주성분인 유리의 경우 비열이 0.2니까 1g의 유리를 온도 1℃ 높이는 데 필요한 열량이 0.2cal이고, 비열이 1.0인 물의 경우

육풍
바닷가에서 밤에 육지에서 바다로 부는 바람.

해풍
바닷가에서 낮에 바다에서 육지로 부는 바람.

온도 1°C

들어가는
열량

들어가는
열량

(가)   (나)

▲ 밑면적이 다른 두 비커와 비열의 크기 비교

온도 1℃ 높이는 데 필요한 열량이 1cal인 것이지. 즉 비열이 큰 물질일수록 온도 1℃ 높이는 데 많은 열량을 필요로 한다. 바꾸어 이야기하면 같은 열량을 주어도 비열이 큰 물질일수록 온도가 적게 올라가. 비열은 물을 넣을 비커의 밑면적으로 비유할 수 있지. 비열이 큰 물질은 밑면적이 넓은 비커라고 생각할 수 있으므로 같은 양의 물을 넣어도 물 높이가 별로 높아지지 않을 거야. 해수욕장에서 같은 양의 태양열이 내리 쬐어도 모래는 무척 뜨겁지만 물은 미지근한 정도에 머무는 이유를 알겠니?

내가 똑같이 놀려줄 때 화를 버럭 내는 친구는 비열이 작은 구리로, 화를 잘 내지 않는 친구는 비열이 큰 물로 비유할 수 있겠네.

우리 주변에 있는 물체나 물질이 열을 받았을 때 온도가 올라가는 정도를 나타내는 척도로 비열 이외에 열용량을 쓰기도 하는데, 열용량은 전체 물질의 온도를 1℃ 높여주는 데 필요한 열량을 일컫는단다.

비열과 열용량의 관계

쇠 100g의 열용량
=
쇠의 비열×쇠의 질량

◀ 비열과 열용량

물 100g을 1℃ 올리는 데 필요한 열량은 물 50g을 1℃ 올리는 데 필요한 열량보다 2배 더 필요하다. 즉 같은 비열의 물질이라도 물질의 질량이 클수록 온도 1℃ 높이는 데 많은 열량이 필요하다. 일반적으로 물질의 온도를 1℃ 높이는 데 필요한 열량(열용량)은 비열이 클수록, 물질의 질량이 클수록 커진다. 그러므로 열용량은 물질의 질량과 비열을 곱한 값과 같다.

고체나 액체도 열을 받으면 종류에 관계없이 늘어나는 부피가 같을까요?

모든 기체는 열을 가해 온도를 높이면 1℃ 올라갈 때마다 0℃ 때 부피의 1/273만큼 늘어난다고 한 것 기억하니? 그럼 고체와 액체의 경우도 기체의 경우와 같을까? 우선 답을 하자면 아니야.

고체와 액체의 경우 열을 가해 온도를 올려 줄수록 부피가 늘어나지만 물질의 종류마다 부피가 늘어나는 정도가 다르단다. 기체의 경우 분자가 아주 멀리 떨어져 있어 분자 사이에 서로 잡아당기는 힘인 인력이 거의 작용하지 않고, 액체나 고체의 경우 분자들이 서로 촘촘하게 모여 있어 분자 사이에 큰 인력이 작용하기 때문이지. 인력은 분자들의 종류에 영향을 받으므로 액체나 고체는 물질의 종류마다 늘어나는 정도가 달라져.

물질이 온도 1℃ 올라갈 때 팽창하는 정도를 열팽창률(고체의 경우 선팽창률* 혹은 부피 팽창률*, 액체의 경우 부피 팽창률)이라고 해.

선팽창률
고체가 열을 받아 팽창할 때 길이 변화의 비율로 온도가 1℃ 변화할 때 재료의 단위 길이당 길이의 변화 비율.

몇 가지 고체의 선팽창률

철	0.000013
구리	0.000017
놋쇠	0.000023
유리	0.000009

부피 팽창률
물질이 열을 받아 팽창할 때 부피 변화의 비율로 온도가 1℃ 변화할 때 재료의 단위 부피당 부피의 변화 비율. 고체인 경우 선팽창률의 3배에 해당한다.

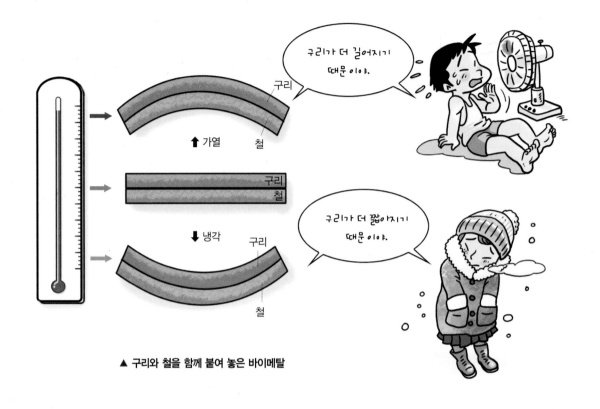

구리가 더 길어지기 때문이야.

구리가 더 짧아지기 때문이야.

가열

냉각

구리

철

구리
철

구리

철

▲ 구리와 철을 함께 붙여 놓은 바이메탈

바이메탈(bimetal)
열팽창률이 다른 두 장의 금속을 한데 붙여 합친 것. 온도가 높아지면 팽창률이 작은 금속 쪽으로 구부러지고, 온도가 낮아지면 그 반대쪽으로 굽음.

만약 구리와 철을 그림과 같이 함께 붙여 놓고 가열하면 어떤 현상이 일어날까? 구리가 선팽창률이 더 크기 때문에 구리가 철보다 더 길어져 구부러지는데 철이 안으로 들어가는 형태가 되지. 반대로 수평으로 되었을 때의 온도보다 온도를 낮추면 줄어드는 정도도 구리가 크기 때문에 반대 방향으로 구부러질 거야.

이렇게 팽창률이 다른 두 금속을 함께 묶어 놓은 것을 바이메탈*이라고 한단다. 이것은 주로 자동으로 온도를 조절하는 기구, 화재경보기에 쓰인단다. 보온 밥솥의 경우 특정한 온도에서는 스위치에 접촉되어 전류가 흐르다가 온도가 높아지면 구부러져서 스위치에 접촉되지 않아 전류를 흐르지 않게 하지. 다시 온도가 낮아지면 스위치에 접촉되는 것을 반복하면서 밥솥 안의 온도를 유지시키는 거야.

혹시 다리를 지날 때 콘크리트의 이음새가 떨어져 있는 것을 본 적 있니? 이것은 여름에 물질이 늘어나는 것을 대비하여 떨어뜨려 놓은 것이란다. 액체의 경우 온도에 따른 열팽창을 이용하여 수은이나 알코올 온도계를 만들어 사용하고 있지. 온도계로 사용되는 물질은 온도에 따라 일정한 열팽창률을 가져야 정확한 온도 측정이 가능할 거야.

열의 정체가 도대체 뭐지요?

열은 에너지 종류의 하나라고 했지? 그런데 이렇게 열이 에너지라는 것이 밝혀지기까지 꽤 오랜 세월이 걸렸단다. 1700년대까지 열은 물질을 이루는 기본 원소의 일종, 즉 하나의 물질이나 알갱이로 여겨졌단다. 차가운 물체와 뜨거운 물체를 접촉시켜 놓으면 두 물체는 함께 미지근해져. 그 원인을 뜨거운 물체에서 차가운 물체로 이동하는 무언가로 생각했는데 그것이 열이야. 열이 한쪽 물체에서 다른 쪽으로 이동했으니 잘 흐르는 기체 물질의 하나로 생각한 것이지. 이런 생각을 한 대표적인 과학자가 프랑스의 라부아지에란다. 라부아지에는 "열의 정체는 열소 caloric라는 원소의 일종으로 매우 유동적인 물질이며, 물질에 자유롭게 출입하여 분자와 분자 사이의 간격을 넓혀 주는 역할을 한다."고 설명했어.

그와 다르게 프란시스 베이컨이나 로버트 보일과 같은 사람은 "열은 운동 이외의 그 무엇도 아니다.", "열은 물체의 각 부위가 활발하게 움직이는 것이다."라고 하면서 열이 원소라는 것에 반대했어.

이렇게 논란이 되던 열의 원소설은 18C 후반 과학자 럼퍼드에 의하여 바뀌게 된단다. 럼퍼드는 대포 만드는 일을 하다가 대포 포신을 금속으로 만들고 여기에 구멍을 내기 위하여 금속을 깎을 때 매우 많은 열이 나는 것을 발견했지. 끝을 무디게 만든 천공기를 포신에 꽂고 돌려주면 서로 마찰되면서 매우 큰 열이 발생하는데 이 열은 천공기를 돌려 주는 일의 양에 비례한다는 것을 알아냈다. 그는 발생한 열량은 외부에서 한 일의 양에 비례할 뿐이라고 생각하며 열소설을 부정하였지. 그 대신에 열은 운동에 의한 일, 즉 에너지라는 것을 1789년에 밝혀냈단다. 열의 정체가 물질에서 에너지로 바뀌는 중요한 사건이었지.

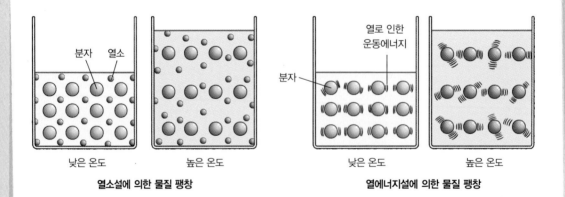

낮은 온도   높은 온도   낮은 온도   높은 온도

열소설에 의한 물질 팽창   **열에너지설에 의한 물질 팽창**

▲ 열소설과 열에너지설

온도와 열, 비열, 열용량이란?

찾아보기

서울과학교사모임
곽효길·강옥경·홍제남·한송희·한양재·문지의·박성은(왼쪽부터)

학교에서 아이들을 가르치면서 연구와 소통의 필요성을 느끼던 개별 교사들이 1986년부터 물리, 화학, 지구과학, 생물 등 개별 교과 모임을 만들면서 '과학교사모임'을 시작하였다. 이후 각 영역을 통합하여 1991년부터는 '전국과학교사모임'으로 운영하고 있다. 이 책을 지은 '서울과학교사모임'도 그중의 하나로 현재까지 18년간 활동을 계속해 오고 있다.

'과학교사모임'은 학교 현장의 수업을 좀 더 재미있고 즐거우며 쉽게 그리고 탐구적인 수업이 될 수 있도록 다양한 연구를 하고 있는 모임이다. 주로 교과서 내용의 재구성을 통한 학습지, 학습 도구 및 학습 방법에 대한 연구 활동을 주로 하고 있는데 1년에 커다란 연구 방향 한 가지를 정하여 연구를 진행하고 연구 결과물을 연말에 책자 및 CD로 만들어 회원 및 과학 교사들에게 발송하고 있다. 연구의 진행 시 교육청 등 여러 기관에서 주관하는 연구 활동 계획에 응모하여 연구를 진행하기도 한다. 또한 회원 교사들이 개별적으로 한 연구 및 연수 등을 통하여 얻은 실험 및 연수 내용을 공유하여 매월 2~4회 정도의 실험 활동 및 탐구 활동을 진행하며, 연 1~2회 정도는 자체 탐사 활동을 펼치고 있다.

'서울과학교사모임'은 누구에게나 열려 있어 과학 교육과 과학 수업에 관심을 가진 서울 지역의 과학 교사라면 누구든 함께할 수 있는 모임이다.

강옥경

뭐, 좀 더 나은 교수법과 게으름을 극복하는 방법을 찾기 위해 기웃거리다가 서울과학교사모임에 참가하다 보니 얼떨결에 능력 밖의 일을 하게 된 것 같네요. 그러나 함께하는 동안 유쾌하고 즐거웠습니다. 오랫동안 기억에 남을 것 같고, 아이들을 가르치는 데 큰 도움이 될 것 같아요.

경북대학교 사범대학 물리교육과 졸업. 안동고등학교 근무. 현 경인중학교 교사.

곽효길

여럿이 함께 한 권의 책을 낸다는 것은 생각보다 어려운 일이었습니다. 하지만 각자 써 온 글을 읽고 함께 이야기하고 다듬어 가는 과정은 모르는 것을 배우고 아는 것을 익히는 일종의 학습(學習)이면서 공부(工夫)였습니다.

고려대학교 이과대학 생물학과 졸업. 연세대학교 교육대학원 졸업(상담교육). 서울북부교육청 영재교육원 지도교사. 현 대성중학교 교사.

문지의

술술 읽히는 과학 책! 읽으면 과학 개념이 머릿속에 그려지고, 올바르게 이해하는 데 도움이 되는 그런 책이기를 바라고 썼으나, 내내 자신이 많이 부족하다는 생각이 들었어요. 많이 고민하여 더 쉽게 과학 개념을 풀어 내는 내공을 쌓도록 노력하겠습니다.

서강대학교 화학과 졸업. 현 수원중학교 교사.

박성은

'무슨 일이든 즐겁게 하면 결과도 좋다.' 살아오면서 얻은 경험 중에 하나입니다. 여럿이 책을 같이 낸다는 것은, 교과서를 집필할 때도 그랬지만 쉽지 않은 작업이었어요. 어려웠지만 나름 즐거웠던 작업이기도 했지요. 즐거운 작업의 결과로 나온 책이니 기대해도 좋을 듯~^^

이화여자대학교 사범대학 졸업(과학교육학과 생물전공). 이화여자대학교 교육대학원 졸업(생물교육). 《7차 교육과정 생물 1, 2 교과서》(형설출판사). 《멘토 고 1 과학》(단단북스) 집필. 현 상암고등학교 교사.

한송희

학생들의 눈높이에 생각을 맞추고 학생들의 지루한 학교생활을 활기차게 해 주고 싶은 마음으로 가르치고 있지만 내가 도리어 학생들을 더 지루하게 하는 것은 아닌가 하는 자괴심을 항상 갖고 있습니다. 하지만 그런 자괴심이 있는 한 노력을 멈추지 않을 것이고 드디어는 학생들 앞에 즐거움으로 다가가지 않을까 하는 소녀 같은 꿈을 계속 꾸고 있습니다.

서울대학교 화학교육과, 한국교원대학교 대학원 중등과학교육과 졸업. 전국과학교사모임 회장(2006, 2007). 과학과 교육과정 심의위원. 《7차 과학 교과서》(디딤돌) 집필. 현 양화중학교 교사.

한양재

'왜 이래, 아마추어같이!' 그런 생각이 많이 드는 작업이었습니다. 구슬을 꿰듯 알고 있는 내용을 엮어서, 읽기 쉽고 이해하기 쉽고, 재미있는 책을 만드는 게 정말 힘들다는 것을 알았어요. 많은 학생들이 이 책을 접하고 과학에 대한 흥미와 호기심을 조금이라도 더 가질 수 있다면, 학생들의 눈높이에 맞추며 아마추어 글쓰기를 끝낸 보람이 있지 않을까 싶습니다.

서울대학교 생물교육학과 졸업. 영남중, 신도림중, 여의도중, 당산서중, 개봉중 근무. 현 영서중학교 교사.

홍제남

과학 교과서의 내용을 쉽고 재미있게 풀어서 써 보자고 즐거운 마음으로 시작한 글쓰기는 생각한 것보다 훨씬 어렵고 힘들었어요. 그러나 다 마치고 나니 이해하기 쉽고 재미있는 책으로 완성된 듯싶어 한편 마음이 뿌듯합니다. 많은 학생들이 이 책을 통해 과학이 좀 더 친근하고 즐거운 과목이 되었으면 합니다.

서울대학교 사범대학 지구과학교육학과 졸업. 2007~2008년 남부교육청 영재교육학교 과학교사. 현 오류중학교 교사.